金属非金属矿山风险管控技术

姜旭初　姜威　著

北　京
冶金工业出版社
2020

内 容 提 要

　　本书以金属非金属矿山生产过程为基础，从危险源辨识、风险预警机制、风险预警指标体系、风险预警知识库以及 FAHP 神经网络风险预测等五个方面，对金属非金属矿山风险预警理论进行系统论述，并在此基础上，结合机器学习与大数据相关理论和技术，通过程潮铁矿试点和案例分析，对金属非金属矿山风险预警平台进行设计。该技术的应用推广，不仅有利于监察部门对金属非金属矿山安全生产进行科学地监督检查，而且可以指导金属非金属矿山企业有针对性地开展安全生产风险管控，从而减少生产安全事故发生。

　　本书可供大专院校采矿工程、安全工程等专业的师生及矿山安全工程技术人员及管理人员阅读参考，还可作为广大矿山从业人员的安全培训教材。

图书在版编目（CIP）数据

　　金属非金属矿山风险管控技术／姜旭初，姜威著. —北京：冶金工业出版社，2020.8
　　ISBN 978-7-5024-8539-9

　　Ⅰ.①金… Ⅱ.①姜… ②姜… Ⅲ.①金属矿山—矿山开采—风险管理 ②非金属矿山—矿山开采—风险管理
　　Ⅳ.①TD7

　　中国版本图书馆 CIP 数据核字（2020）第 087374 号

出 版 人　陈玉千
地　　　址　北京市东城区嵩祝院北巷 39 号　邮编　100009　电话　(010)64027926
网　　　址　www.cnmip.com.cn　电子信箱　yjcbs@cnmip.com.cn
责任编辑　王梦梦　美术编辑　郑小利　版式设计　禹　蕊
责任校对　郭惠兰　责任印制　李玉山
ISBN 978-7-5024-8539-9
冶金工业出版社出版发行；各地新华书店经销；三河市双峰印刷装订有限公司印刷
2020 年 8 月第 1 版，2020 年 8 月第 1 次印刷
169mm×239mm；10.25 印张；210 千字；153 页
69.00 元

冶金工业出版社　投稿电话　(010)64027932　投稿信箱　tougao@cnmip.com.cn
冶金工业出版社营销中心　电话　(010)64044283　传真　(010)64027893
冶金工业出版社天猫旗舰店　yjgycbs.tmall.com
（本书如有印装质量问题，本社营销中心负责退换）

前　　言

　　采矿工业作为我国经济可持续发展的重要组成部分，对发展地区经济和保持社会稳定具有重要意义。然而，随着矿产资源开发强度的加大，矿山生产安全事故预警与防治技术相对落后于矿山开采技术，导致矿山生产环境、安全生产条件不断恶化，各类潜在的事故隐患仍在不断增多，由此引发的各种矿山事故后果极其严重。频发的矿山重特大生产安全事故，不仅给国家、企业以及职工家庭造成巨大的生命财产损失，而且严重制约了我国国民经济和矿山企业的可持续发展，阻滞和影响了全面小康社会进程。

　　基于此种情况，2016 年国务院提出遏制重特大事故发生的安全风险分级和隐患排查治理双重预防控制机制，国家安全生产监督管理总局充分发挥基层首创精神，选取了一批有代表性、领导重视、基础较好的地区和单位开展试点工作并进行直接跟踪指导，湖北省鄂州市是其中的试点城市之一。

　　为了充分发挥湖北省高等院校、研究院所众多的地域优势，我们结合湖北省前期"两化体系"建设经验，充分发挥"互联网+安全"的优势，科学运用机器学习理论，对金属非金属矿山风险预警可视化系统重构和归整，实现了系统和设备的自动控制，突破了制约矿山安全发展的瓶颈，提高了金属非金属矿山的本质安全化水平。

　　本书共分 9 章：第 1 章主要介绍矿山风险预警、危险源辨识等的国内外发展现状，第 2 章为风险识别，第 3 章主要介绍风险预警理论及预警机制，第 4 章详述了金属非金属矿山风险预警指标体系设计，第 5 章介绍了金属非金属矿山风险预警知识库的构建，第 6 章为基于改进 FAHP 的径向基函数神经网络的风险预测模型的建立，第 7 章为案例分析——以程潮铁矿为例，第 8 章为风险预警平台设计，第 9 章为程潮铁矿采场安全生产双重预警控制体系开发实践。本书第1~6章由姜旭初撰写，第7~9章由姜威撰写，姜威对全书进行了统稿。

本书密切结合金属非金属矿山的现场生产特点，从安全生产工作的实际需要出发，依据作者生产实践及科研成果总结而成，可供矿山安全监察人员、安全管理人员、安全工程技术人员阅读，也可供大专院校采矿、安全类专业的师生参考。

本书得到了中国地质大学赵云胜、湖北安全生产监督管理局徐克、中南财经政法大学信息与安全工程学院张敬东、湖北省安全生产应急救援中心昝军、湖北省安全生产宣教中心王劲松等专家领导的指导，对各位专家领导表示衷心的感谢。在本书编写过程中参考了大量矿山安全工程、矿山安全技术和矿山安全管理等方面的资料，在此对文献作者一并表示感谢。

由于编者水平所限，书中不足之处，敬请广大读者和专业人士批评、指正。

作　者

2019 年 12 月

目　　录

1 绪　　论

1.1　概述

近年来，我国国民经济一直保持着令人瞩目的高速增长，2010 年我国 GDP（国内生产总值）超过日本正式成为全球第二大经济体，但是我国的安全管理工作却远远滞后于经济建设的步伐。目前的安全生产形势，虽然呈现了总体稳定并向好的发展趋势，但是，安全生产的形势依然严峻。我国金属非金属矿山行业生产总值占全国 GDP 总值的 1% 左右，是国民经济迅猛发展的重要基础。但是，目前我国金属非金属矿山行业深受各种矿难的困扰，行业各类事故平均每年死亡约3000 人，是矿山行业安全事故高发的国家之一，百万吨矿石死亡率是美国、南非等矿业发达国家的 30 倍。各类伤亡事故造成的经济损失达到 GDP 的 1% ~ 2.5%，照此计算，我国金属非金属矿山平均每年的事故损失约为 11 亿 ~ 26 亿元。金属非金属矿山行业发展安全生产条件差、工程地质灾害多、重特大事故不断发生的严峻形势，严重制约着我国矿山行业向深部开采和大规模开采方向发展。

2015 年 12 月 24 日，习近平总书记在中共中央政治局常委会会议上发表重要讲话强调，"必须坚决遏制重特大事故频发势头，对易发重特大事故的行业领域采取风险分级管控、隐患排查治理双重预防性工作机制，推动安全生产关口前移，加强应急救援工作，最大限度减少人员伤亡和财产损失"。国家安全生产监督管理总局为了落实习近平总书记讲话精神，充分发挥基层首创精神，在全国选取了一批有代表性、领导重视、基础较好的地区和单位开展试点工作，其中，包括河北省张家口市、山西省阳泉市、辽宁省大连市、浙江省宁波市、江西省赣州市、福建省福州市、山东省泰安市和枣庄市、湖北省鄂州市、广东省深圳市、甘肃省兰州市等 11 个城市，进行直接跟踪指导，以期通过事前预防，实现风险管控关口前移，超前辨识预判岗位、企业、行业、区域安全风险，实施制度、技术、工程、管理等措施，有效防控各类安全风险；通过事中管控，构建隐患排查治理体系，实施闭环管理制度，强化监管执法，及时发现和消除各类事故隐患，防患于未然；通过事后处置，及时、科学、有效应对各类重特大事故，最大限度减少事故伤亡人数、降低损害程度。

随着我国经济、科技的不断发展，国家对安全生产和职业健康工作越来越重视，对安全设备、设施和科技的投入越来越大。金属非金属矿山的安全生产管理也正处于一个由粗放型、被动整改型向科学型、主动预防型方向转变的过程。不仅如此，经济增长方式的不断转变和能源需求结构变化，也对金属非金属矿山企业的生产管理方式和发展模式等提出了更高的要求，在完成企业年度下达的生产指标的同时必须加强企业的安全生产及管理，特别是利用现代化的信息管理手段，在节约人力、物力等资源的条件下，确保金属非金属矿山行业持续安全健康发展。

然而，对我国矿山信息化的研究表明，除天然气、石油开采等行业外，我国矿山行业整体信息化管理水平远远低于机电等加工制造业，目前所拥有的管理信息系统大多数只是停留在文件审批、资料保存、信息查询等方面，在信息监控、动态安全预警等方面还有待深入研究，这是导致我国矿山事故频发的重要原因之一。因此，及时准确地获取生产管理中的数据，为风险评估、事故分析、安全预警等提供可靠依据，迫切需要构建风险预警管控信息化平台，这是实现金属非金属矿山企业高效安全生产管理的重要手段。

在 2015 年 3 月 5 日上午召开的十二届全国人大三次会议上，李克强总理在政府工作报告中首次提出"互联网+"行动计划。李克强总理在政府工作报告中提出，制定"互联网+"行动计划，推动移动互联网、云计算、大数据、物联网等与现代制造业结合，利用信息通信技术以及互联网平台，让互联网与传统行业进行深度融合，创造新的发展生态。而采矿业作为我国的传统行业，是我国工业可持续发展不可缺少的一部分。"互联网+"不仅能创新安全管理的方式、方法和途径，更能在金属非金属矿山许多重点部位、薄弱环节和关键装置发挥意想不到的作用。"互联网+"与安全管理联姻成为驱动矿山企业转型升级的重要引擎，其发展刻不容缓。

1.2   国内外发展状况

1.2.1   危险源辨识理论

关于危险源的研究主要指对危险源的辨识、评价和监控等方面。从国外的研究来看，英国是最早系统地研究重大危险源控制技术的国家，1974 年 6 月英国弗利克斯巴勒（Flixborough）化工厂发生了环己烷蒸汽云爆炸事故，致使 18 人死亡，数千栋房屋毁坏，爆炸事故发生后，英国卫生与安全委员会（Health and Safety commission）❶设立了重大危险咨询委员会，负责研究重大危险源的辨识、

---

❶ Health and Safety commission. Advisory Committee on Major Hazards. Third Report. The Control of Major Hazards. London，1994.

评价技术和控制措施。欧洲共同体在 1982 年 6 月颁布了《工业活动中重大事故危险法令》。该法令列出了 180 种（类）物质及其临界量标准。如果工厂内某一设施或相互关联的一组设施中聚集了超过临界量的上述物质，则将这一设施或一组设施定义为一个重大危险源。国际经济合作与发展组织在 OECD❶ Council Act (88) 84 中，也列出了 20 种重点控制的危害物质。为实施《塞韦索法令》，英国、荷兰、德国、法国、意大利、比利时等欧洲共同体成员国都颁布了有关重大危险源控制规程，要求对工厂的重大危害设施进行辨识、评价，提出相应的事故预防和应急计划措施[1]，并向主管当局提交详细描述重大危险源状况的安全报告。1992 年，美国劳工部职业安全卫生管理局（OSHA）颁布了《高度危害化学品处理过程的安全管理》（PSM）标准，标准中提出了 138 种（类）危险源物质及其临界量。随后，美国环境保护署（EPS）颁布了《预防化学泄漏事故的风险管理程序》（RMP）标准，对危险源的确认做出了规定。1984 年印度博帕尔事故发生后，1985 年 6 月国际劳工大会（ILO）通过了关于危险物质应用和工业过程中事故预防措施的决定。1988 年 ILO 出版了重大危险源控制手册，1991 年 ILO 出版了预防重大工业事故实施细则。1993 年通过了《预防重大工业事故》公约和建议书，该公约和建议书为建立国家重大危险源控制系统奠定了基础。该公约将 "重大危害设施"（major hazard installation）定义为："无论长期地或临时地加工、生产、处理、搬运、使用或存储数量超过临界量的一种或多种危害物质的设施。"目前，欧盟各成员国及美国、澳大利亚、印度、泰国、马来西亚、印尼、韩国等国家都采用上述关于 "重大危险危害设施" 的定义来制定预防重大工业事故法规和标准[2]。

在 ILO 支持下，印度、印尼、泰国、马来西亚和巴基斯坦等建立了国家重大危险源控制系统。1996 年 9 月，澳大利亚国家职业安全卫生委员会颁布了重大危险源控制国家标准和实施重大危险源控制的规定。澳大利亚各州将使用该标准作为控制重大工业危险源的立法依据。

危险源控制主要是通过工程技术和管理手段来实现，危险源控制技术包括防止事故发生的安全技术和减少或避免事故损失的安全技术。前者在于约束、限制系统中的能量，防止发生事故；而后者在于防止事故的扩大或引起其他事故，把事故造成的损失限制在尽可能小的范围内。

我国的危险源辨识与评价工作开始较晚，尚未形成完整的系统，同欧洲以及美、日等工业发达国家的差距较大。我国工业基础薄弱，生产设备老化日益严重，超期服役、超负荷运行的设备大量存在，重大危险源分布、分类不清，尚未形成完整的重大危险源控制系统，从而导致我国工业生产中存在着众多的事故隐

---

❶　OECD. Guiding principles for chemical Accident prevention, preparedness and Response. Paris, 2002.

患，重大事故频发，给国家和人民的生命财产造成了极大的损失[3]。为改变我国工业生产过程中安全工作的被动局面，从 20 世纪 80 年代初开始，国家在化工、冶金、机电、航空等行业中开展危险评价管理工作。20 世纪 90 年代初，重大危险源的评价和控制工作在我国得到了重视，"重大危险源评价和宏观控制技术研究"被列入国家"八五"科技攻关项目。该课题提出了重大危险源的控制思想和评价方法，为我国开展重大危险源的普查、评价、分级监控和管理提供了良好的技术依托[4]。1995 年陈宝智教授等研究人员提出了两类危险源的概念、划分的理论及划分的原则，阐述了两类危险源的相互关系。田水承教授在两类危险源的基础上提出了第三类危险源的概念[5]。

（1）第一类危险源（也称静态危险源）：系统中存在的、可能发生意外释放的能量（能源或能量载体）或危险物质。常见第一类危险源有如下几种：

1）产生、供给能量的装置、设备。

2）使人体或物体具有转高势能的装置、设备场所。

3）能量载体。

4）一旦失控可能造成巨大能量的装置、设备、场所，如强烈放热反应的化工装置等。

5）一旦失控可能发生能量储蓄或突然释放的装置、设备、场所，如各种压力容器等。

6）危险物质，如各种有毒、有害、可燃烧爆炸的物质等。

7）生产、加工、储存危险物质的装置、设备、场所。

8）人体一旦与之接触将导致人体能量意外释放的物体。

（2）第二类危险源：导致能量或物质约束或限制措施破坏或失效的各种原因，它通常包括人的失误、物的障碍、环境因素。人的失误即人的行为的结果偏离了预定的目的，如扳错了开关使检修中的线路带电；物的障碍即由于性能低下不能实现预定功能的现象；环境因素包括温度、湿度、照明、粉尘、噪声、振动等物理因素。

（3）第三类危险源：指组织因素——不符合安全的组织因素（组织程序、组织文化、规则、制度等），包含组织人（不同于个体人）不安全行为、失误等。对危险源的理解不仅涵盖了上述重大事故隐患/重大危险源的范畴，而且把"灾变信息"纳入了危险源的范畴[6]。

我国的矿山生产企业对井下危险源的系统研究工作处于起步的阶段，这是因为国内外对危险源的研究重点是易燃、易爆、有毒重大危险源（强调化学性）辨识评价，而矿山生产行业领域很少涉及这些危险性物质（除爆破炸药以外）。另一方面，我国矿山行业生产效益过去一直不佳，安全生产投入资金紧缺[7]。目前，只有一部分效益比较好的、规模比较大的企业与国内一些科研机构开始对井下危险源进行了初步的研究。淄博矿务局利用危险源辨识与控制技术对老区通风系统进行了改造，取得了较好管理效果[8]；兖州矿业集团公司为适应建立职业安全健康管理体系的要求，也对所属矿山企业进行了危险源普查工作，对危险源辨识方法作了初步的探讨。焦作工学院的张辅仁教授[9]等人提出了矿山实体和虚体重大危险源的概念，虚体型危险源包括人、机、环境三方面的因素，其中实体型危险源是指金属非金属矿山生产活动中，实体存在的危险物质或能量超过临界值的物质，是生产系统危险和事故的内因，是造成灾害事故的物质决定因素。西安科技大学田水承、王莉根据危险源理论和三类危险源的观点，将集对分析方法应用于某矿山危险源安全评价，计算简单，结果精确、可靠[10]。王慧以重大危险源的辨识与分级为基础，从分析《危险化学品重大危险源辨识》（GB 18218—2009）入手，指出了我国重大危险源辨识的不足，提出了解决相关问题的方法。关于重大危险源的分级，国内尚没有统一的标准和方法，论文讨论了现有常用分级方法的缺点和不足，并建立了一种新的分级方法以更准确、更合理地对重大危险源进行分级[11]。孟现飞、丁恩杰等人在总结现有危险源定义及分类的基础上，将危险源的概念重新界定，然后对其进行深入分类研究，最后明确危险源与隐患的关系[12]。傅贵、李亚为使识别危险源和管理职业安全风险更加有效，明确危险源的定义和内容，用对比分析的方法，梳理7个标准中危险源的定义及识别危险源时需要考虑的因素[13]。赵勇以《危险化学品重大危险源监督管理暂行规定》为依据，通过实例对某焦炉煤气柜进行了危险化学品重大危险源辨识并分析其存在的危险有害因素，同时运用危险度分析、有毒物质泄漏扩散事故模拟分析、蒸汽云爆炸事故模拟分析等多种安全评价技术方法定性和定量描述煤气泄漏、爆炸事故发生的可能性及其危害程度，从而实现了危险化学品重大危险源定量风险评估的目标[14]。

综上所述，从国内研究的情况来看，矿山危险源辨识与控制技术缺乏系统性、科学性和可操作性，也没有对危险源辨识分级形成统一的标准。因此，要对金属非金属矿山井下危险源进行有效、系统地研究还需要做大量的工作。

1.2.2 风险预警理论

预警从性质上分为经济预警和非经济预警，从范围上分为宏观预警和微观预警，从时间上分为短期预警和长期预警[15]。由于经济预警理论和方法的发展相对成熟，非经济预警理论一般是以经济预警理论为基础进行的延伸，因此有必要首先了解经济预警的相关理论和方法。

1.2.2.1 经济预警研究

由于经济决定了资本主义国家的命运，西方发达国家特别重视经济方面的预警。经济预警理论最早可以追溯到 1888 年，在这一年的巴黎统计学大会上，法国经济学家弗朗里德（Alfred Fourille）首次提出了运用气象预报的方法来预测经济波动的思想，他认为可以将气象分析方法应用到经济波动分析中，由此来构造经济的晴雨表，从而预测经济的发展状态，这一思想引起了众多学者的关注[16]；1909 年，美国统计学家巴布森（Roger Ward Babson）提出了用正常增长线上下繁荣与衰落所占的曲线面积来测定经济波动的宏观经济预警思想[17]；1917 年，哈佛大学的珀森斯（Warren Milton Persons）主持编制了著名的哈佛指数，哈佛指数在综合 13 个经济指标信息的基础上，根据在变动上的时间差异关系分别编制为投机指数（A 曲线）、生产量及物价指数（B 曲线）和金融指数（C 曲线）[18]；1919 年，美国学者雷特在《风险的不确定性》一书中首次提出了风险预警的思想，拉开了经济风险评价的序幕。在此后利用哈佛指数对 20 世纪 20 年代末期大危机的预警失效后，美国经济界开始对经济预警的相关理论进行了反思，并开始真正将预警思想应用到经济运行分析中。1950 年，美国经济学家穆尔首次提出了一种多指标的分析方法扩散指数法（DI，Diffusion Index），DI 由先行、同步、滞后三类指数构成，以宏观经济综合状态为测度对象[19]。由 DI 构成的经济监测系统是现代经济预警系统的一个里程碑，引发了多指标综合分析方法的研究热潮。20 世纪 60 年代，美国经济学家希斯金提出了另一种多指标分析方法——合成指数法（CI，Composite Index）[20]。此后 DI 和 CI 成为宏观经济预警中的两个基本方法，对后来经济监测预警系统的构成产生了重大影响[21]。到 20 世纪 70 年代末，经济预警理论已相当成熟，在全球信息化的推动下，经济预警也出现了国际化的预警系统，如以美国、加拿大、法国、英国、德国、意大利、日本 7 个发达国家为基础的国际经济指标系统（IEI，International Economic Indicator System）[22]。目前，由哥伦比亚大学国际经济循环研究中心演变而来的美国经济周期研究所（ECRI），建立了包括美国、中国等在内 10 多个国家的经济监测指标体系，世界大型企业联合会（The Conference Board）也建立了西方七国和墨西哥、韩国、西班牙等国家的经济监测指标体系，在经济预警方面发挥了较好作用[23]。

由于国情限制，中国对经济预警系统的研究起步较晚，20 世纪 80 年代中期才开始研究预警理论，主要借鉴国外的经济发展理论和经济波动理论。从整体上看，国内经济预警的研究与应用经历了一个从宏观经济预警到微观预警、从定性为主到定性与定量相结合、从点预警到全面预警、从线性预警到非线性预警的过程。

在应用方面，1987 年，在东北财经大学召开了全国第一次宏观经济预警研究讨论会；1988 年，国家信息中心经济信息部与吉林大学系统工程研究所共同研制的经济景气监测系统投入试运行；1989 年，中国开始每月发布经济景气监测预警指数；1990 年，国家统计局综合司建立的中国宏观经济监测和预警模型开始正式运行；1997 年，中国建立了经济景气监测中心，其主要职能是为公众提供经济和社会景气监测研究报告及信息咨询服务。在学术研究方面，毕大川教授等人对中国宏观经济周期波动问题从理论到应用进行了全面研究[24]；顾海兵教授等人对粮食生产预警系统进行了研究，并对预警理论进行了新的探索和发展[25]；陶骏昌教授系统地阐述了农业预警的理论基础、基本原理和方法以及农业系统预警的一般过程[26]；佘丛国教授等人对当前国内企业预警研究的一般理论、应用领域和指标处理方法作了系统的阐述[27]。

1.2.2.2 非经济预警研究

从 20 世纪 60 年代开始，美国将预警理论应用于管理领域，并迅速拓展到了其他领域，如国家关系、国际政治、自然灾害等领域。20 世纪 70 年代后，相继出现了战略风险管理、基于风险价值的资产评估、对待风险的个体差异等研究，但其研究内容主要是危机发生后如何应对和摆脱危机的策略问题，对于危机的成因、发展过程则缺少机理性分析。20 世纪 90 年代后，美国、英国、日本等危机管理理论研究进一步发展，极大地推动了预警理论从定性为主到定性与定量相结合、从点预警向全面预警转变的过程。

佘廉教授是国内较早提出企业应该建立预警管理系统思想和理论的管理学者，并相继提出了企业逆境的预警管理模式、企业管理波动的预警管理模式、企业管理失误的预警管理模式以及企业危机的预警管理模式等理论，拓展了微观经济预警的应用[28]；谢科范教授提出了"企业生存风险"思想和"技术创新风险"思想，他的研究更多是侧重于企业的全面风险研究，而不仅仅包括企业危机阶段，还囊括了企业所面临的更微观方面的风险预警和防范措施[29]；胡华夏从企业生存风险的角度研究了企业预警系统的建立[30]；罗帆等人基于系统非优理论和预警管理原理，探讨了民航交通灾害预警管理的指导思想、工作内容、运转模式与操作程序[31]；罗云等人提出了实施安全风险预警的具体方法，选用危险态作为预警要素，通过对所有预警要素的实时监控，将监控结果进行综合评价，以警示色的形式发出预警信号，提示相关部门采取防控措施[32]。白凤美在分析建筑施工企业安全生产现状和安全生产信息化需求的基础上，结合风险管理和预警理论，设计了以风险管控为核心的建筑施工企业安全生产风险管理及预警信息系统[33]。窦林名、李振雷等人为合理选用监测预警方法以便进行高效的冲击地压防治，通过工程与文献调研、理论分析、现场实践等方法，分析总结了我国矿山冲击地压发生特征、影响因素、发生机理、监测预警手段等[34]。孙光林、陶志刚等人为了解决倾斜顺层岩质边坡监测预警所面临的预测困难、监测布点繁多等难题。基于恒阻大变形锚索与滑坡体之间的相互作用力学原理，运用物联网技术，提出了恒阻大变形锚索子系统、双路数据通信子系统、数据接收处理子系统和智能供电子系统，研发了边坡灾害监测预警物联网系统，完善了监测预警模式，实现了对顺层岩质边坡的加固-监测-预警一体化功能[35]。在非经济领域，预警理论和方法基本借鉴了经济预警的理论和方法，同时结合各微观领域自身的运行特点，在企业预警管理、铁路、航空等具有重大影响的领域进行了初步拓展。

综上所述，由于自然赋存条件和经济实体等方面的原因，国外对于矿山安全预警研究较少；国内金属非金属矿山预警基本还处于理论研究阶段，即使是开发的应用系统，由于系统集成化程度较低、预警功能较单一、准确率不高，仅仅具有报警功能。因此，进行预警理论与技术的系统研究，并加大在应用方面的投入，对全面提高矿山安全管理水平，改善安全生产形势具有重要的现实意义。

1.2.3 预警知识库

知识库是知识工程中结构化、易操作、易利用、全面有组织的知识集群，是针对某一（或某些）领域问题求解的需要，采用某种（或若干）知识表示方式在计算机存储器中存储、组织、管理和使用的互相联系的知识片集合。这些知识片包括与领域相关的理论知识、事实数据，如某领域内有关的定义、定理和运算法则以及常识性知识等。

刘小生[36]等人认为知识库是矿山安全预警专家系统的核心部分，构建知识库是建立矿山安全预警专家系统的关键工作，介绍了矿山安全预警专家系统知识的分类以及知识的获取过程，利用谓词逻辑表示法和产生式规则表示法分别表示矿山安全领域的事实性知识和启发性知识，然后采用 Microsoft SQL Sever2000 建立了知识库，为最终建立和实现矿山安全预警专家系统奠定了良好的基础。

马巨鹏[37]对矿井水害预警专家系统进行了研究，给出了矿井水害预警专家系统知识的生成与表达方式与途径，并设计了矿井水害预警的推理规则，最后，在研究基础上，开发了矿井水害预警专家系统。

张以文[38]等人在分析现有预测预警系统不足的基础上，提出一种基于本体的组合预测预警模型，解决组合预测预警系统内各单一预测模型和指标体系间的语义异构问题，通过建立本体知识库，实现系统内数据、模型、知识的一致化表示，实现各模型和指标体系间的知识共享和重用。具体分析了本体知识库的组成及其实现原理和方法，根据本体建模理论，建立了领域指标本体、指标本体、预测任务本体及案例本体等本体模型，并利用本体编辑工具 Protege3.3.1 将本体形式化，选用 Pellet 作为内部本体推理机，合理选择单一预测模型和指标体系来进行组合预测预警，从而提高预测预警的准确性。最后给出了一个原型系统，具有十分广阔的应用前景。

刘永强[39]等人提出以数据仓库、方法库、模型库、知识库一体化模式实现基于"3S"的新疆融雪洪水预警决策支持系统的研究思路。

刘年平[40]基于数据挖掘技术建立了煤矿风险预警知识库。提出利用产生式表示法和框架表示法表示煤矿风险预警知识,产生式表示法适合表示显性风险知识,框架表示法则适合表示隐性风险知识;针对产生式表示法,以决策树 CART 和 C5.0 为代表进行了风险预警的实证研究,针对框架表示法,以基于案例的推理方法为代表进行了风险预警的实证研究。最后,研究并提出了基于集对分析理论的风险预警模型。

宋韦剑[41]针对地质调查领域,提出了一套采集、组织及表达知识资源的方法,主要介绍了地质调查成果知识库的系统架构、主要知识来源、系统的数据加工和可视化分析功能,使图书馆从传统的服务向新型的科研与决策服务迈出了重要一步。

尚礼斌[42]分析了基于知识库的油田勘探决策支持方面的发展现状,勘探知识库系统将实现"四个评价"规范所规定的盆地、区带、圈闭、油气藏知识、信息和参数的管理,使四类评价项目共享知识,让决策和研究人员找到知识,建立知识共享、继承和不断创新的管理机制,实现油气评价研究成果的知识化管理,大幅地提高勘探评价研究工作的效率和水平,为勘探决策提供依据,进而提高油气勘探工作的总体效率和效益。

1.2.4 FAHP 模糊层次分析法

模糊集理论由美国自动控制专家 Zadeh 教授在 1965 年提出[43],经过半个世纪的发展,该理论已经渗透到如模糊拓扑、模糊测度、模糊图论等多个数学分支。随着理论研究的深入,模糊集理论对生产生活的影响越来越举足轻重。

在国外,模糊综合评判法大量应用于系统方案评估中。C. H. Yeh 提出了各种方案相对于每个评估指标的最优度概念,将加权模糊评价法的性能矩阵转变成模糊单元素集合矩阵,实现了对城市公交系统的多准则、多层次模糊评价[44]。N. C. Tsourveloudis 采用模糊中间值和最大-最小值方法评估柔性制造系统的人工智能,并将其成功应用于工程实践[45]。B. M. Ayyub 构建了舰船风险评估模糊决策支持系统,对美国海军舰船可靠性、生命周期、安全性和消费比较进行评估[46]。M. R. Anderson 建立飞行棋控制系统设计优化的两阶段模糊风险评估模型,并通过实例验证了评估算法的有效性。U. O. Akpan 采用模糊数与随机数建立了疲劳度增长模型与模糊评估模型,分析了侵蚀对飞机疲劳度增长的影响规律[47]。C. H. Cheng 建立了涵盖导弹飞行高度、有效距离、杀伤半径和反应时间的海军战术导弹武器系统作战效能评估指标体系,采用专家打分法和模糊层次分析法评估了美国海军导弹装备的作战效能。

　　模糊集理论由 1976 年传入我国，随后我国学者汪陪庄在该理论的基础上，引入模糊判断矩阵的思想创建了模糊综合评判的原始模型[48]。后来，在陈永义等人的改进下，逐渐被广泛应用于生活实践当中，并得到了良好的应用效果[49]。项源金将模糊评估技术成功运用于铁路客票发售和预定系统总体方案评价中，提出了专家总权重的概念对专家进行评估，采用灰色对比分析法计算了指标权重[50]。程启月、邱寇华基于模糊效用价值熵模型开展了作战指挥控制系统效能评估研究，建立了模糊距离下的极小复合熵权模型[51]。辛明军提出了分布式问题求解决的模糊综合评价模型，并采用"主因素突出型"和"因素加权型"两种评价模型低飞行器总体设计方案进行模糊评选[52]。周穗华采用匹配修正模型构造了匹配矩阵，解决了模糊综合评判中权向量和模糊矩阵之间的失配性问题。随着概率论、数学规划、模糊数学和多属性决策等学科理论的发展，仿真系统性能、效能评估模式和方法研究也较为深入，采用模糊综合评判法能够基本反映、处理这些复杂信息，因而在军事系统工程领域和武器作战效能评估中得到广泛的应用并日渐成熟[53]。屈伟等人根据西南岩溶地区煤层顶板水害的特点，从水源特征、开采扰动、隔水层性能及地质构造 4 个方面出发，分析选取了相应的评价指标，同时结合模糊层次分析法确定评价指标权重，探讨了一种西南岩溶地区煤层顶板水害危险性评价指标体系及评价方法[54]。毛正君等人以象山矿井为实例，在分析象山矿井水文地质条件的基础上，建立了象山矿井水文地质类型划分递阶层次结构模型，确定了象山矿井水文地质类型划分各指标影响程度的大小（指标权重），根据最大隶属度准则，划分了象山矿井水文地质类型[55]。张进等人为了能够对其风险程度作出较为客观的评价，针对当前隧道钻爆法施工风险因素仍存在许多不确定性与模糊性的特点，提出模糊层次分析方法以解决评价指标难以量化问题。通过对隧道钻爆法施工风险指标产生原因比较识别，兼顾主客观因素，其中采用层次分析法确定各评价指标相对权重并构建梯形隶属函数，计算风险指标对各等级风险水平的隶属度。结合泉水沟尾矿库排洪隧道工程实例，通过计算评价指标权重向量和分析模糊综合评判结果，给出了该工程较为准确、合理的隧道钻爆法施工风险等级，验证了所建方法的合理性与可行性[56]。

　　综上所述，目前国内外学者在矿山安全生产评价方面进行了大量的研究工作，其研究成果具有较好的借鉴意义。但还存在以下不足，有待进一步完善：(1) 模糊算子存在缺陷，在现有的模糊评判法中，主要都是采取固定的模糊算子，这是不科学的，应该针对不同评估对象选择不同的算子，或者研究出一种具有普世性的模糊算子，以满足更多的评估对象；(2) 权重选择的局限性，现有的模糊综合评判法都是单纯基于主观或者客观的赋权法，无法兼顾两者的优势；(3) 隶属函数选择主要依靠评估人员经验，缺乏科学性；(4) 在面对最大隶属度原则失效时，无法得到评估对象的评价结果。这些弊端常常导致最终评估结果出现失误和无效。因此，进行该理论的研究具有现实意义。

1.2.5 大数据理论

大数据是这样一种数据集合，其数据规模大到在存储管理和分析复杂性等方面远远超出了传统技术和软件工具的处理范围，通常具有数据规模海量（Volume）、增长速度快（Velocity）、数据类型复杂多样（Variety）和价值密度低（Value）的特点，简称为"4V"[57]。在国外，《自然》杂志于 2008 年发表了一个专题，致力于应对未来大数据处理面临的一系列难题和挑战，提出了"大数据"的概念。2011 年，麦肯锡全球研究院发布了一份大数据研究报告，分析了数据背后的潜在价值，阐释了大数据处理的重要意义[58]。2012 年 3 月美国总统奥巴马推出"大数据研究和发展计划"，投资 2 亿美元来积极推动大数据技术的发展，引导人们挖掘大数据背后的价值规律[59]。2012 年 7 月，联合国发布《大数据促进发展：挑战与机遇》白皮书，总结了政府如何通过大数据技术引导经济，为人民服务[60]。为了跟上全球大数据技术发展的潮流，在大数据领域占领一席之地，我国学术界和各行各业也高度关注大数据。2012 年以来，国内互联网和运营商率先启动大数据技术的研发和应用，如新浪、淘宝、百度、中国移动、中国联通、京东商城等企业纷纷启动了大数据试点应用项目，推进大数据应用。阿里巴巴集团的"淘宝数据魔方"平台，对海量交易记录和商品浏览记录进行分析挖掘，实现了商品的智能推荐，大大增强了买家的购物体验。邬贺铨、李国杰、郭华东、怀进鹏等院士纷纷发表文章，阐述大数据时代的挑战和机遇及大数据处理的重要意义[61]。宋亚奇等人针对电网运行、检修中产生的海量异构数据，分析了大数据时代背景下智能电网面临的挑战[62]。

2 风险识别

2.1 相关概念

2.1.1 风险

风险是生产安全事故或健康损害事件发生的可能性和严重性的组合。

（1）可能性：指事故（事件）发生的概率。

（2）严重性：指事故（事件）一旦发生后，将造成的人员伤害和经济损失的严重程度。

（3）风险＝可能性×严重性。

需要注意的是，风险是危险源的属性，危险源是风险的载体。

2.1.2 风险点

风险点是风险伴随的设施、部位、场所和区域以及在设施、部位、场所和区域实施的伴随风险的作业活动，或以上两者的组合。

需要注意的是，排查风险点是风险管控的基础，对风险点内的不同危险源（与风险点相关联的人、物、环境及管理等因素）进行识别、风险评价以及根据评价结果采取不同控制措施是风险分级管控的核心。

风险点有：液氨站、中央变电站、提升绞车、制冷装置、反应釜、储罐、边坡等；倒罐作业、动火作业、高温金属液体运输等。

2.1.3 危险源

2.1.3.1 危险源的定义

危险源的概念最早是从国外的管理体系中引入的，目前尚未形成统一的定义，在现有的研究中，主要包含以下几种观点：

（1）陈宝智等提出的危险源是可能导致伤害或疾病、财产损失、工作环境破坏或这些情况组合的根源或状态；

（2）何学秋提出的危险源是危险的物质、能量及灾变信息的爆发点，是产生与强化负效应的核心[62]。

（3）罗云等人提出的危险源是一个系统中具有潜在危险的物质和能量释放，且在一定的诱发因子作用下可转化为事故的部分、区域、空间、场址、岗位、器械及其位置[63]。

上述概念虽然表述和侧重点各有不同，但本质上并无区别，作者综合以上定义做如下界定：所有直接的或间接的，可能导致事故发生的根源或状态。具体含义如下：

（1）范围界定。导致事故发生的所有直接的或间接的原因，包括潜在危险的物质和能量等直接原因和管理不力、制度混乱等间接原因。

（2）可能性。可能性主要是指尽管具有潜在危险的物质和能量释放，如果没有一定的诱发因子作用使其转化成事故，则不会造成事故的发生。

（3）根源。根源指可能直接或间接导致事故发生的客观存在的实体，如能量和危险物质，包括物理、化学物质也包括无形的实体，如安全制度、安全文化等。

（4）状态。指根源即直接或间接导致事故发生的客观存在的实体的状态，如人的不安全行为、物的危险状态、环境的不良等。

2.1.3.2　危险源的构成

危险源主要由潜在危险性、存在条件和触发因素构成。

（1）潜在危险性。潜在的危险性是指一旦触发事故，可能带来的危害程度或损失大小，或者说危险源可能释放的能量强度或危险物质量的大小。

（2）存在条件。存在条件是危险源所处的物理、化学状态和约束条件状态。例如，物质的压力、温度、化学稳定性，盛装压力容器的坚固性，周围环境障碍物等情况。

（3）触发因素。触发因素虽然不属于危险源的固有属性，但它是危险源转化为事故的外因，而且每一类型的危险源都有相应的触发因素。如易燃、易爆物质，热能是其敏感的触发因素；压力容器，压力升高是其敏感触发因素。因此，一定的危险源总是与相应的触发因素相关联。在触发因素的作用下，危险源转化为危险状态，继而转化为事故。

2.1.4　隐患

隐患是指人的活动场所、设备及设施的不安全状态，或者由于人的不安全行为或者管理上的缺陷而可能导致人身伤害或者经济损失的潜在危险。我国国家安全生产监督管理总局的《安全生产事故隐患排查治理暂行规定》，将"生产安全事故隐患"定义为生产经营单位违反安全生产法律、法规、规章、标准、规程和安全生产管理制度的规定，或者因为其他因素在生产经营活动中存在可能导致事故发生的物的危险状态、人的不安全行为和管理上的缺陷[64]。

从系统论的角度看，隐患应是人机系统中导致事故发生因素的集合。故隐患有广义和狭义之分，广义的隐患是指在生产系统中，能导致事故发生的所有的不安全因素。具体来说就是导致事故发生的系统中人的不安全行为、物的不安全状态、环境的不安全影响以及管理的缺陷或者他们之间匹配的不协调。狭义的隐患是指在生产系统中，由于人们受到科学知识和技术力量的限制或者认识到而未有效地控制有可能导致事故的，但通过一定的办法或采取适当的措施能够排除或抑制的潜在的不安全因素。狭义的隐患包括有可能引起事故的人的行为、机的状态、环境条件或二者、三者的结合。

2.1.5　危险源与隐患的关系

由危险源与隐患的定义可知，两者既有共性，也有不同。隐患是指作业场所、设备及设施的不安全状态，人的不安全行为和管理上的缺陷。它的实质是有危险的、不安全的有缺陷的"状态"，这种状态可在人或者物上表现出来，如人走路不稳，路面滑都是导致人摔伤事故的隐患；也可以表现在管理的程序内容和方式上，如检查不到位，制度不健全、人员培训不到位等。

隐患一定是危险源，因为隐患反映了危险源的缺陷状态，其表现出来的就是管理失控，如果不加紧整改治理就会演化为事故。危险源不一定是隐患，因为危险源的管控措施到位，其表现出来的就是安全状态，只有当危险源出现缺陷、失控时才变成隐患。但是对隐患的控制管理总是和一定的危险源联系在一起。

对危险源的控制，实际就是消除其存在的事故隐患或防止其出现事故隐患。在实际中经常混淆这两个概念。对具有危害的危险源采取可控的措施，危险源就是安全的；而控制危险源安全措施的失效或缺失就是存在着隐患；隐患在一定因素的触发下，危险源就会造成事故，危险源与隐患的关系可由图 2-1 表示。

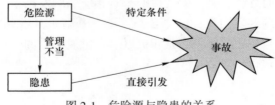

图 2-1　危险源与隐患的关系

2.1.6　重大危险源

重大危险源的概念最早被用于重大工业事故是指工业生产系统中那些可能导致重大事故的发生源。1993 年在国际劳工大会上给重大事故的定义为："意外出现或突然发生在重大危险设施内正在进行某项作业过程中的事件，如火灾、毒物泄漏大范围扩散、爆炸等事故，这些事件涉及某一种或多种危险物质，并可能对工人、物资或环境形成即刻的或长期的重大损害。"我国《安全生产法》和相关法规标准，将重大危险源定义为：长期地或者临时地生产、搬运、使用或者储存危险化学品，且危险品的数量等于或者超过临界量的单元（包括场所和设施）。此处的单元意指一套生产装置、设施或场所；危险物品是指易燃易爆物品、危险化学品、放射性物品等能够危及人身安全和财产安全的物品。临界量是指国家法律、法规、标准规定的一种或者一类特定危险物质的数量。事实上，这个定义并不全面，重大危险源还包括可能造成重大人员伤亡，财产损失或环境破坏的设施、设备和场所。

2.2 危险源的辨识

2.2.1 概述

危险源辨识就是对所要评估的危险源单元包括人、机、环境的危害的识别，并根据风险评估管理的要求，分析其产生方式，预防事故的发生。全面、准确地辨识危险源可以提高风险评估的准确性和科学性，强化风险评估效果。

2.2.2 事故致因理论

从 2.1.3 节危险源的概念可知，事故致因的根源在于危险源。在企业的生产系统中往往存在着大量危险源，由于这些危险源不断地发生变化，若不及时有效地辨识和管控，将会导致事故的不断发生。随着现代生产技术的不断提高，生产设备越来越多样，生产系统变得越来越复杂，涉及的生产要素也越来越多，而事故的发生通常是多种危险要素共同作用的结果。因此，研究事故致因理论可以给分析危险源产生事故的过程提供理论参考和依据。

2.2.2.1 事故

《职业安全卫生评价体系》（OHSAS18001）对事故的定义是：造成死亡、职业相关病症、伤害、财产损失或其他损失的不期望事件。事故是一种动态事件，它开始于危险的激化，并以一系列原因事件按照一定的逻辑顺序流经系统而造成损失，即事故是指造成人员伤害、死亡、职业病或设备设施等财产损失和其他损失的意外事件。

事故形成具有因果性，即事故是各种基本因素耦合作用的结果，而许多基本因素通常具有随机性，这就导致人们很难准确预测事故的发生场所和发生时间。但是事故具有平稳性，即相似性，对事故本质上的原因分析，就能对同类事故进行预防。因此，通过相关的理论和方法对事故发生的本质原因进行分析，可以对事故进行有效的预防和控制。这需要对危险源与事故的关系进行更深入分析，故需要了解危险源的事故致因机理模型。

2.2.2.2　事故致因机理模型

事故致因机理模型主要体现在 3 个方面：

（1）危险源分类。可根据事故系统要素将危险源划分为人的不安全行为、物的不安全状态、环境的不安全因素和管理不当四个类别。

（2）危险源辨识。危险源辨识是管控危险源的必要环节。

（3）预防和管控。危险源的预防和管控是事故致因因素和事故后果的中间环节，可通过切断事故致因链来避免事故发生。

上述事故致因机理模型如图 2-2 所示。

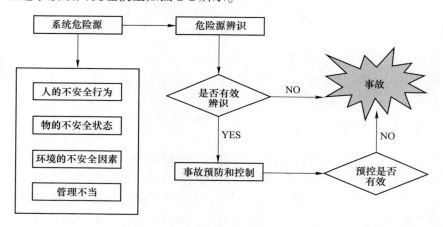

图 2-2　事故致因机理模型

2.2.3　辨识流程

由上述危险源和事故致因理论的分析可知危险源是导致事故的基础。因此，要预防和控制由危险源导致的事故，必须对企业生产系统中的危险源进行科学、准确和全面的辨识。确保危险源辨识工作科学、准确和全面的前提是有一套科学合理的对危险源进行辨识的流程。科学有效的危险源辨识流程包括：

（1）前期调查。收集全面、详细的评价依据（生产资料、业内技术规范、国家法律规范、标准地质勘探报告、生产设备的性能检测报告、各生产系统的报表、发生的事故实例和隐患排查分析资料及批复文件等）。

（2）危险源辨识及事故类型确定。根据收集的评价依据，从人的不安全行为、物的不安全状态、环境的不安全因素和管理不当四个类别中对危险源进行辨识，确定不同的危险源可能产生的事故类型。

（3）危险源分级。根据可能产生的事故类型，通过对事故发生的可能性和后果进行定量分析，运用事故树或者事件树对危险源系统各危险影响因素进行分析，从而获得事故系统整体风险概率。结合一些定性分析方法（如德尔菲法）确定危险源各要素的发生可能性和事故产生风险后果，并以风险矩阵量化风险发生概率和风险后果，最终形成危险源辨识结果，对危险源进行分级。

（4）完善数据资料档案库。形成数据资料档案库，为事故的预防控制以及预警研究提供数据支持。

危险源辨识的整个流程如图 2-3 所示。

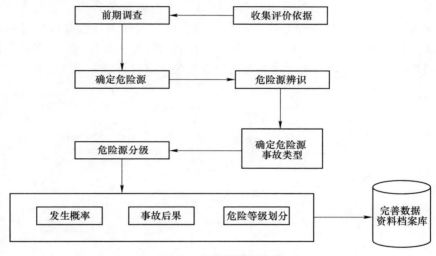

图 2-3　危险源辨识流程

2.2.4　危险源辨识方法

2.2.4.1　经验法

经验法主要根据以往的事故经验进行危险源辨识工作，依靠专业分析人员的观察分析能力及判断能力来确定出危险源。还可以通过与操作者交谈或到现场进行检查，查阅以往的事故记录，或召集有关安全管理人员、专业人员、生产管理人员和操作人员进行头脑风暴法这种方式来进行相互启发，讨论分析作业活动或设备运行过程中可能存在的危害因素。

2.2.4.2　对照法

对照法指同有关标准、规范、规程或经验进行对照，通过对照来识别危险源。因为有关的标准、规范、规程以及常用的安全检查表，都是在大量的实践经验基础上编制而成，本质上也属于基于经验的方法。

2.2.4.3 检查表法

安全检查表（safety check list），是一种有效识别危险源的方法。其主要是根据检查或调查的需要，以提问或现场勘查的方式确定检查项目的状况，并将调查或检查结果记录下来，以此作为危险源识别的资料。

2.2.4.4 鱼骨图法

鱼骨图又称为因果图，因为其分析图片看上去像鱼的骨头，故而称为鱼骨图。在鱼骨图中，标注鱼骨上的表示危险源，鱼头表示的是危险源所导致的结果。鱼骨上的很多箭头状的表示的是鱼刺，鱼刺的位置和方向刻画了各种危险因素之间的重要性和主次关系，这种方法生动形象，简明易懂，如图2-4所示。

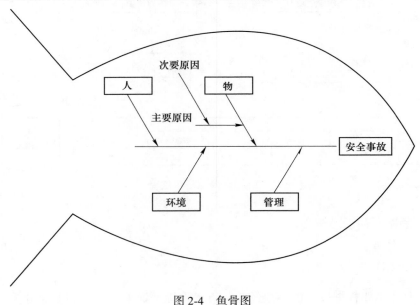

图 2-4　鱼骨图

2.2.4.5 系统安全分析法

系统分析法主要是从安全系统的角度进行分析的，通过揭示系统中可能导致系统故障或事故的各种因素及其相互关联来辨识系统中的危险源。

2.2.5 金属非金属矿山重大危险源辨识

金属非金属矿山重大危险源分为生产场所重大危险源和储存区重大危险源两种。生产场所是指危险物质的生产、加工机器使用等一系列的场所，包括生产、加工及使用等过程中的中间储罐存放区及半成品、成品的周转库房。储存区是专门用于储存危险物质的储罐或仓库组成的相对独立的区域。

2.2.5.1 储罐区

储罐区（储罐）重大危险源是指表 2-1 中所列类别的危险物品，且存储量达到或超过其临界的储罐区或单个储罐。

表 2-1 储罐区（储罐）临界量

类别	物质性质	临界量/t	典型物质举例
易燃液体	闪点小于 28℃	20	汽油、丙烯等
	闪点小于 60℃且大于等于 28℃	100	煤油、松节油、丁醚等
可燃气体	爆炸下限小于 10%	10	乙炔、氢、液化石油气等
	爆炸下限大于等于 10%	20	氨气等
毒性物质	剧毒品	1kg	氰化钠（溶液）等
	有毒品	100kg	三氟化砷、丙烯醛等
	有害品	20	苯酚等

储存量超过其临界量包括以下两种情况：

（1）储罐区（储罐）内有一种危险物品的储量到达或超过其对应的临界量。

（2）储罐区内储存多种危险物品，且每一种物品的储量均未达到或超过其对应临界量，但满足式（2-1）：

$$\frac{q_1}{Q_1} + \frac{q_2}{Q_2} + \cdots + \frac{q_n}{Q_n} \geqslant 1 \tag{2-1}$$

式中，q_1，q_2，$\cdots$，q_n 表示每一种危险物品的实际储存量；Q_1，Q_2，$\cdots$，Q_n 表示对应危险物品的临界量。

其中，急性毒性物质的分级见表 2-2。

表 2-2 急性毒性物质分级（GB 30000.18—2013）

接触途径	单位	类别 1	类别 2	类别 3	类别 4	类别 5
经口	mg/kg	5	50	300	2000	5000 见具体标准
经皮肤	mg/kg	50	200	1000	2000	
气体	mL/L	0.1	0.5	2.5	20	见具体标准
蒸气	mg/L	0.5	2.0	10	20	
粉尘和烟雾	mg/L	0.05	0.5	1.0	5	

2.2.5.2　库区（库）

库区（库）重大危险源是指存储表 2-3 中所列类别的危险物品，且储存量达到或超过其临界量的库区或单个库房。

储存量超过其临界量包括以下两种情况：

（1）库区（库）内有一种危险物品的储量到达或超过其对应的临界量。

（2）库区（库）内储存多种危险物品，且每一种物品的储量均未达到或超过其对应临界量，但满足式（2-2）：

$$\frac{q_1}{Q_1} + \frac{q_2}{Q_2} + \cdots + \frac{q_n}{Q_n} \geqslant 1 \tag{2-2}$$

式中，q_1，q_2，$\cdots$，q_n 表示每一种危险物品的实际储存量；Q_1，Q_2，$\cdots$，Q_n 表示对应危险物品的临界量。

表 2-3　库区（库）临界量

类别	物质性质	临界量/t	典型物质举例
民用爆破器材	起爆器材	1	雷管、导爆管等
	工业炸药	50	铵梯炸药、乳化炸药等
	爆竹危险原材料	250	硝酸铵等
易燃液体	闪点小于 28℃	20	汽油、丙烯等
	闪点小于 60℃，且大于等于 28℃	100	煤油、松节油、丁醚等
可燃气体	爆炸下限小于 10%	10	乙炔、氢、液化石油气等
	爆炸下限大于等于 10%	20	氨气等
毒性物质	剧毒品	1kg	氰化钠（溶液）等
	有毒品	100kg	三氟化砷、丙烯醛等
	有害品	20	苯酚等

2.2.5.3　压力管道

压力管道重大危险源主要是指输送易燃、易爆或有毒介质，且管道公称直径、最高工作温度（或设计温度）和最高工作压力（或设计压力）超过临界值的单元。

（1）压力管道。压力管道是指利用一定的压力，用于输送气体或者液体的管状设备，其范围规定为最高工作压力大于或者等于 0.1MPa（表压）的气体、液化气体、蒸汽介质或者可燃、易爆、有毒、有腐蚀性、最高工作温度高于或者等于标准沸点的液体介质，且公称直径大于25mm的管道。

（2）压力管道的分类。按照其用途可以分为工业管道、公用管道和长输管道3种类型：

1）工业管道是指企业、事业单位所属的用于输送工艺介质的工艺管道、公用工程管道及其他辅助管道。

2）公用管道是指城乡范围内的用于公用事业或民用燃气管道和热力管道。

3）长输管道是指产地、储存库、使用单位间的用于输送商品介质的管道。

（3）压力管道的主要事故类型。压力管道的主要事故类型有：超压破裂事故、外力作用破裂事故、疲劳断裂事故、腐蚀泄漏事故、蠕变失效事故等。其中最严重的事故形式就是超压破裂事故和外力作用破裂事故。

（4）压力管道重大危险源辨识指标。符合下列条件之一的压力管道，属于压力管道重大危险源。

1）长输管道，符合以下条件之一：

①输送有毒、可燃、易爆气体介质，设计压力大于1.6MPa的管道。

②输送有毒、可燃、易爆液体介质，输送距离大于200km且管道公称直径大于等于300mm的管道。

2）工业管道，符合下列条件之一：

①输送《职业性接触毒物危害程度分级》（GBZ 230—2010）中，毒性程度为极度、高度的危害介质且公称直径大于等于100mm。

②输送《石油化工企业设计防火规范》（GB 50160—2018）及《建筑设计防火规范》（GB 50016—2018）中规定的火灾危险性为甲、乙类可燃液体介质，且公称直径大于等于100mm、设计压力大于等于4.0MPa、设计温度大于等于400℃的管道。

③输送其他可燃流体介质、有毒流体介质，且公称直径大于等于100mm、设计压力大于等于4.0MPa、设计温度大于等于400℃的管道。

2.2.5.4 压力容器

压力容器重大危险源主要是指盛装易燃、易爆或有毒介质，且最高工作压力（或设计压力）、容器体积乘以最高工作压力（或设计压力）均超过临界值的单元。

（1）压力容器。压力容器是指盛装气体或者液体，承载一定压力的密闭设备，其范围规定为最高工作压力大于或者等于0.1MPa（表压），且压力与容积的乘积（pV）大于或者等于2.5MPa·L的气体、液化气体和最高工作温度高于或者等于0.2MPa（表压），且压力与容积的乘积大于或者等于1.0MPa·L的气体、液化气体和标准沸点等于或者低于60℃液体的气瓶、氧舱等。

（2）压力容器的分类。《固定式压力容器安全技术监察规程》（TSG 21—2016）根据容器压力的高低、介质的危害程度及在使用中的重要性，将压力容器分为三类。

1）三类容器。包括：高压容器、中压容器（仅限毒性程度为极度或高度的危险物质）、中压储存容器（仅限易燃或毒性程度为中度危害物质，且 $pV \geq 10MPa \cdot m^3$）、中压反应容器（仅限易燃或毒性程度为中度危害物质，且 $pV \geq 0.5MPa \cdot m^3$）、低压容器（仅限易燃或毒性程度为高度危害物质，且 $pV \geq 0.2MPa \cdot m^3$）、高（中）压管壳式余热锅炉、中压搪玻璃压力容器、使用轻度级别较高的材料制造的压力容器、移动式压力容器、球形储罐以及低温液体储存容器。

2）二类容器。中压容器（不符合三类容器的中压容器）、低压容器（仅限毒性程度为极度或高度的危险物质）、低压储存容器（仅限易燃介质或毒性程度为中度的危险物质）、低压反应容器（仅限易燃介质或毒性程度为中度的危险物质）、低压管壳式余热锅炉、低压搪玻璃压力容器。

3）一类容器。低压容器且不属于二类、三类容器。

（3）压力容器的主要事故类型。压力管道的主要事故类型有：正常压力下爆炸、超压爆炸、器内化学爆炸、二次爆炸。以震动、冲击波、碎片冲击、火灾和毒害等形式对人员、环境和设施设备等造成伤害或损害。

（4）压力管道重大危险源辨识指标。符合以下两个条件之一的压力容器，属于压力容器重大危险源。

1）介质毒性为极度、高度或中度危害的三类压力容器。

2）易燃介质，最高工作压力大于等于 0.1MPa。且 pV 大于等于 100MPa $\cdot m^3$ 的压力容器。

2.2.5.5　金属非金属地下矿山

金属非金属矿井与煤矿在井巷工程、通风、供电、提升、运输、生产工艺流程、作业环境，以及所发生的事故类型等方面有许多相似之处。金属非金属矿井重大伤亡事故的类别如透水、火灾、大面积坍塌冒顶、有毒有害气体中毒和窒息、爆破事故、坠罐、岩爆（冲击地压）等基本与煤矿相似。只不过在一般情况下，煤矿重大危险源的危险性远大于金属非金属矿井重大危险源。因此，金属非金属矿井重大危险源快速评估分级方法可以借鉴煤矿重大危险源快速评估分级的思路。

（1）金属非金属地下矿山重大危险源。它指可能发生透水、火灾等群死群伤重大事故，且符合金属非金属地下矿山重大危险源申报条件的矿井单元。

（2）金属非金属地下矿山重大危险源辨识指标。符合以下 6 个条件之一的矿井，即为金属非金属地下矿山重大危险源。

1）水文地质复杂，采掘工程和矿井安全受水害威胁的矿井。

2）瓦斯矿井，在煤系硫铁矿及其他与煤共生矿床的开采过程中，只要发现过瓦斯即为瓦斯矿井。这类有瓦斯持续涌出的矿井有发生瓦斯爆炸的危险，因此，其发生重大事故的危险性远大于一般金属非金属矿井。

3）井下采空区未经有效处理，有发生大面积冒顶危险的矿井。采空区未经处理或只进行了局部处理，连续采空区体积达到 100 万立方米以上的矿井。

4）开采自燃发火矿层的矿井。

5）开采过程中发生过岩爆（冲击地压）的矿井。

6）开采深度达到 800m 以上的矿井。关于深部资源开采，大多数专家认为中国深部资源开采的深度可界定为：煤矿 800~1500m，金矿和有色金属矿 1000~2000m。综上考虑，确定金属非金属地下矿山重大危险源对于开采深度的指标的要求为 800m。

2.2.5.6 尾矿库

尾矿库是金属非金属矿山重要的生产设施，是矿山的重要组成部分。同时，尾矿库也是危险性较大的设施，是可能发生严重次生灾害的建设工程。

（1）尾矿库重大危险源。尾矿库重大危险源指坝高或全库容超过临界值，或一旦发生最大可能的溃坝事故，对下游的城镇、工况企业、交通运输以及其他重要设施造成严重危害的尾矿库。

（2）尾矿库的主要事故类型。尾矿库的主要事故类型有：尾矿库溃坝事故、洪水（库水）漫坝事故、尾矿坍塌事故，其中最严重的的事故形式就是尾矿库溃坝事故。

（3）尾矿库重大危险源辨识指标。尾矿库的等别，体现了尾矿库固有危险性的大小。它是根据全库容 V 和坝高 H 两个因素，由表 2-4 确定。

表 2-4 尾矿库的等别

等别	全库容/万立方米	坝高/m
1	供二等库提高等别用	
2	$V \geqslant 10000$	$H \geqslant 100$
3	$1000 \leqslant V < 10000$	$60 \leqslant H < 100$
4	$100 \leqslant V < 1000$	$30 \leqslant H < 60$
5	$V < 100$	$H < 30$

尾矿库等别为 1、2、3、4，即满足下列条件之一的为尾矿库重大危险源。

（1）总库容达到 100 万立方米以上的尾矿库。

（2）总坝高达到 30m 以上的尾矿库。

3 风险预警理论

3.1 相关概念

3.1.1 风险因素

3.1.1.1 风险因素的定义

风险因素就是不能事先加以控制的因素，主要指能够引起风险事故或增加风险事故发生频率和程度大小的因素，它是风险事故发生的潜在原因，是造成损失的间接和内在的原因。

3.1.1.2 风险与危险的区别

风险不同于危险，风险用于描述未来的随机事件，它不仅意味着危险的存在，更意味着不希望事件转化为意外事件的渠道的可能性。因此，有时候虽然危险存在，但不一定有风险。例如，人们对核能的使用，就有受到辐射的危险，这种危险是客观存在的，但生活实践中人们会采取各种措施降低在核能的应用中受到的辐射风险，甚至与之隔离，尽管有辐射的危险，但没有发生的渠道，所以没有受到辐射的风险。

3.1.2 预警

预警是指根据实际数据和一定的研究方法，计算风险发生的可能性，在风险发生之前给出警报或信号，以防止风险在条件具备时发生，以降低风险造成的损失。预警概念最早出现在军事领域，例如，长城的烽火台、"二战"期间的马奇诺防线的主要作用就是为人们提供预警。之后，预警在经济、环境、安全等各个领域开始广泛地应用。

在经济领域，预警是指对经济指标进行分析，并据此判断其未来的趋势变化，在问题出现之前，对其成因进行分析，进而采取相应的保障措施维持经济的正常发展。

在安全方面，预警是指在生产事故发生之前，通过对现有信息的分析，提前判断其可能出现的时空和危害程度，管理人员提前采取管控措施，避免事故的发生或降低事故所造成的危害。

金属非金属矿山风险预警是指通过建立风险预警指标体系，通过相关理论分析和评判各种风险，确定系统的风险状态，通过划分不同的风险等级，当系统指标达到临界状态时，发出相应的警示，安全管理人员提前采取管控措施，确保系统始终处于安全运转的轨道上。

3.1.3 预测

3.1.3.1 预测的定义

预测就是通过分析已知事物演化机理，结合已有的各种信息，运用科学、有效方法对事物未来演化趋势和状态的分析。

3.1.3.2 预测和预警的区别

（1）预测研究的是人们所关心的问题，既包括非优问题，也包括优问题，而预警研究的主要是系统运行过程中的非优问题，该类问题通常会引起安全事故的发生。

（2）预测对指标的观察比较全面，而预警指标主要是观察一些产生重点影响的指标。

（3）预测的关键是计算预测值，不需要预先设置界限来判断结果，而预警是要通过分析结果，并依据严重程度给出相应的评判，需要预先设置相应的界限。

（4）预测主要是分析未来事物的发展趋势和状态，不设置报警的功能，而预警是分析系统的不良状态，并发出相应的警示信息，拥有报警的功能。可以说，预警是更高层次的预测。

（5）要先有评价，再有预测，最后才有预警。

3.2 风险预警理论与方法

3.2.1 风险预警相关理论

3.2.1.1 非优理论

非优思想在中国古代就已经出现。在《孙子兵法》中已经开始在非优的范畴内总结和归纳作战失败的教训，进而进行安全预警。系统中的"优"和"非优"是相对的，没有绝对的"优"和"非优"，两种状态是不断进行转化的。金属非金属矿山风险预警平台预警就是寻找系统中的非优因素，通过研究非优因素形成的原因以及演化规律，确定风险预警指标的优区间与非优区间，构建一个科学的、全面的风险预警的指标体系。当系统或某个指标处于非优区间时，进行预警，及时采取相应措施，使得系统的状态由"非优"向"优"转化。

3.2.1.2　安全科学理论

安全科学理论是运用人类已经掌握的科学理论、方法以及相关的知识体系和实践经验，研究和分析可能面临的风险、危害，控制或消除这种风险和危害为研究方向的理论体系。它以安全系统科学作为指南，研究对象主要涉及人、机、环境、管理等诸多方面。同时，还涉及系统论、信息论、控制论等诸多基础理论的内容。

3.2.1.3　本质安全理论

本质安全是指通过设计等手段使生产过程和产品本身具有防止事故发生的特性。在金属非金属矿山中，就是依靠有效的管理实现安全管理人员、操作人员、设备和作业环境的本质安全化，金属非金属矿山本质安全化管理流程如图 3-1 所示。

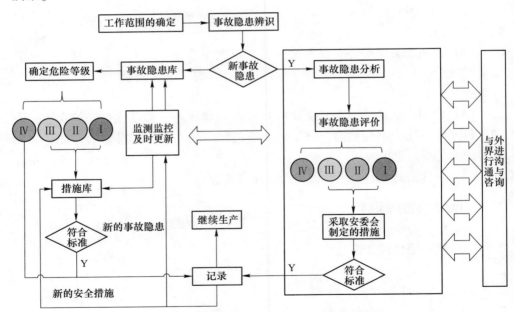

图 3-1　金属非金属矿山本质安全化管理流程

图 3-1 中，Ⅳ级代表安全阶段，用绿色表示；Ⅲ级代表危险阶段，用黄色表示；Ⅱ级代表较大危险阶段，用橙色表示；Ⅰ级代表严重危险阶段，用红色表示。

具体流程为：通过监测监控设备或人工收集信息等方式对安全隐患的信息进行收集，并在隐患库中找出对应的级别，以便采取措施库中对应的措施，判断风险等级是否降低，若没有降低，则需要重新对其进行分析、预警并采取措施。若风险等级得到降低，则将隐患添加至隐患库，对应的措施添加至措施库，不断循环，形成一个管理闭环。

3.2.1.4 流变-突变理论

流变是指事物处在平稳态的过程，突变是指事物突破了某个临界点到达另一种状态的过程，该理论表明了事物从诞生到发展再到消亡的过程，如图 3-2 所示。

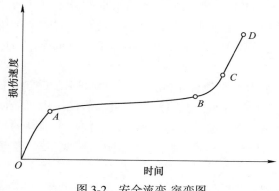

图 3-2 安全流变-突变图

事物到达 A 点以后，损伤的加速度趋近于零，损伤趋于一个定值，系统处于平稳期，不会发生事故；经过 B 点后，损伤将不断加大。因此，在 AB 阶段，应做好预警工作，采取相应措施，尽量延长 AB 阶段。经过 B 点后，应根据警情进行预警，果断采取措施，避免损失加大，安全状态发生突变。事故一般发生在事物 CD 阶段，D 点是事物从一种状态向另一种状态转变的转折点。金属非金属矿山是一个复杂多变的系统，人、机、环境、管理等各个子系统也在不断地发展变化中，每个子系统受到的损伤量不断增加，它们之间的相互作用会缩短系统的平稳期，导致 C 点与 D 点提前到来，使得安全风险增加，突变有可能提前发生。因此，安全管理的重点就是提前预警，采取相应措施，尽量延长各个系统的平稳期，确保安全生产的顺利进行。

3.2.2 风险预警相关方法

目前所使用的预警模型大致可以分为计量模型和非计量模型两类，主要方法有：单变量预警模型、自回归移动平均模型（ARMA）、向量自回归模型（VAR）、向量自回归模型（VAR）、自回归条件异方差模型（ARCH）、Logistic

回归模型、Probit 模型、STV 横截面回归模型、KLR 预警系统。

（1）单变量预警模型。单变量预测模型，是通过单个财务比率指标的走势变化来预测企业危机。单变量预测模型最早是由威廉·比弗（William Beaver）提出的。他在 1968 年发表在《会计评论》上的一篇论文中，对 1954 年至 1964 年间的 79 个失败企业和相对应（同行业、等规模）的 79 家成功企业进行了比较研究，结果表明，债务保障率能够最好地判定企业的财务状况（误判率最低），其次是资产收益率和资产负债率，并且离经营失败日越近，误判率越低，预见性越强。单变量预警系统是基于此认识：如果某一上市公司运营良好的话，其主要指标也应该一贯保持良好，一旦某一单变量指标出现逆转，说明公司的经营状况遇到了困难，应引起管理层和投资者的注意。单变量预测模型虽然比较简便，但其缺点在于：一个企业的实际状况是用多方面的指标来反映的，没有哪一个比率能概括企业的全貌。因此，这种方法经常会出现对于同一个公司，使用不同的预测指标得出不同结论的现象。因而该方法招致了许多批评，而逐渐被多变量方法所替代。

（2）自回归移动平均模型（ARMA）。自回归移动平均模型是一种时间序列模型，它不需要预先确定序列的发展形态，可以假设一个可能使用的样式，方法本身将会按照规定的程序，通过反复识别修改，向一个最佳的拟合方程逼近，直至获得一个满意的模型样式。该模型适用范围广泛，主要用于预测洪水灾害、卫生系统硬件投入等。

（3）向量自回归模型（VAR）。向量自回归模型（vector auto regression，VAR）：是基于数据的统计性质建立模型，VAR 模型把系统中每一个内生变量作为系统中所有内生变量的滞后值的函数来构造模型，从而将单变量自回归模型推广到由多元时间序列变量组成的"向量"自回归模型。VAR 模型是处理多个相关经济指标与预测最容易操作的模型之一，并且在一定的条件下，多元 MA 和 ARMA 模型也可转化成 VAR 模型，因此近年来 VAR 模型受到越来越多的经济工作者的重视。

（4）自回归条件异方差模型（ARCH）。ARCH 模型由美国加州大学圣迭哥分校罗伯特·恩格尔（Engle）教授于 1982 年在《计量经济学》杂志的一篇论文中首次提出。此后在计量经济领域中得到迅速发展。ARCH 模型的基本思想是指在以前信息集下，某一时刻一个噪声的发生服从正态分布。该正态分布的均值为零，方差是一个随时间变化的量（即条件异方差），并且这个随时间变化的方差是过去有限项噪声值平方的线性组合（即自回归），这样就构成了自回归条件异方差模型。

（5）Logistic 回归模型。Logistic 回归的主要用途：1）寻找危险因素；2）预测，如果已经建立了 Logistic 回归模型，则可以根据模型，预测在不同的自变量情况下，发生某种情况的概率有多大；3）判别，实际上跟预测有些类似，也是根据 Logistic 模型，判断属于某种情况的概率有多大。

（6）Probit 模型。Probit 模型是一种广义的线性模型，服从正态分布。最简单的 Probit 模型就是指被解释变量 Y 是一个（0，1）变量，事件发生的概率依赖于解释变量，即 $P(Y=1)=f(X)$，也就是说，$Y=1$ 的概率是一个关于 X 的函数，其中 $f(.)$ 服从标准正态分布。若 $f(.)$ 是累积分布函数，则其为 Logistic 模型。

（7）STV 横截面回归模型。横截面回归模型由 Sachs、Tornell 和 Velasco 研究建立，因此又称为 STV 横截面回归模型。他们认为，实际汇率贬值，国内私人贷款增长率、国际储备/M2 是判断一个国家发生金融危机与否的重要指标。该方法主要用于宏观风险的预警。但在实证检验中发现了预警的许多偏差，主要在于：

1）STV 模型要求找到一系列相似的样本国家，这在现实中相当困难，因为国与国之间的差异通常很大。

2）STV 横截面回归模型考虑因素范围过于狭窄，只考虑汇率、国内私人贷款、国际储备与广义货币供给量的比率等指标。

3）STV 模型的估计方程是线性回归模型，过于简单，而现实情况往往是非线性的。

4）STV 模型对危机指数的定义有失偏颇。

5）虽然 Sachs 等人的回归分析法对货币危机发生的决定因素进行了有益的分析，但是人们关心的不仅仅是决定危机发生与否的因素，而是希望能够猜测危机发生的时间。

（8）KLR 预警系统。KLR 信号分析法是由 Kaminsky、Lizondo 和 Reinhart 于 1998 年创立并经过 Kaminsky（1999 年）的完善。KLR 信号分析法的理论基础是研究经济周期转折的信号理论，其核心思想是首先通过研究货币危机发生的原因来确定哪些经济变量可以用于货币危机的预测，然后运用历史上的数据进行统计分析，确定与货币危机有显著联系的变量，以此作为货币危机发生的先行指标。然后为每一个选定的先行指标根据其历史数据确定一个安全阈值。当某个指标的阈值在某个时点或某段时间被突破，就意味着该指标发出了一个危机信号；危机信号发出越多，表示某一个国家在未来一段时间内爆发危机的可能性就越大。阈值是使噪声-信号比率（即错误信号与正确信号之比值）最小的临界值。

3.3 风险预警机制与过程

3.3.1 风险预警机制

风险预警是风险管理的具体实现，主要包含以下 5 种机制：

（1）监测机制。即对金属非金属矿山中存在的各类风险进行全过程、全方位的监测，采集各类动态或静态风险数据及信息，对重大危险源建立常态监测机制，为风险预警提供数据支持。

（2）预警机制。预警包括预测和报警两个方面，是对金属非金属矿山风险系统进行分析、评价、预测和发出警告信息的一种机制。系统通过收集到的数据信息和当前运行状态，通过分析计算，对未来趋势做出预测，并判断是否发出相应警告。

（3）矫正机制。矫正机制是对金属非金属矿山生产系统中的风险因素进行调节和控制的一种机制，矫正机制保证系统的安全状态远离临界态。系统通过预警模型和指标分析对风险因子进行微调，保证系统维持在远离临界值的状态。

（4）免疫机制。免疫机制是对同类型事故预控的一种机制。通过对金属非金属矿山风险的演化规律的研究，建立合理的知识库，通过数据挖掘技术和专家系统，实现对相应的警情采取对应防控措施，实现事故预防的自动化和程序化。

（5）反馈机制。反馈机制是预警活动的桥梁，通过信息反馈实现预警活动的动态循环和闭环管理，以保证预警活动的完备性和动态适应性。

因此，金属非金属矿山风险预警机制，就是以监测为基础，以预警为手段，以矫正和免疫为目标，在反馈机制的循环控制之下，形成的一种全面风险预警机制。

3.3.2　风险预警过程

金属非金属矿山预警系统的基本过程包括：数据采集、危险源监测、危险源辨识、警情评判、预警、预控、预测等过程。具体运行过程如图 3-3 所示。

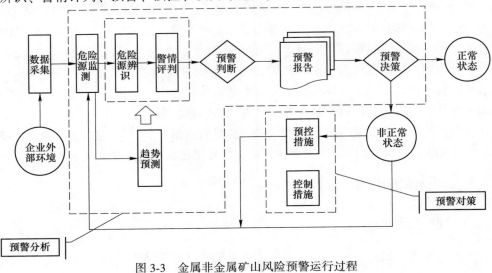

图 3-3　金属非金属矿山风险预警运行过程

金属非金属矿山风险预警主要包括两个部分：预警分析和预警对策。首先通过数据采集对系统危险源进行监测，通过分析整理对危险源进行辨识，对出现的警情进行趋势预测，然后根据不同的警情，进行相关的决策，并采取有针对性的预控措施。

4 风险预警指标体系

4.1 建立金属非金属矿山风险评价指标体系

金属非金属矿山生产系统是一个由人、机、环、管理四大因素交叉影响而组成的复杂系统，其预警指标体系就是由许多单个的预警指标组成的有机体，可以从多方面反映系统的时空状态。因此，确定风险评价指标，制定合理的评价指标体系，是企业有效进行风险预警的前提，也是企业正常生产运转的关键。

4.1.1 指标与指标体系

4.1.1.1 指标

风险预警指标是指用于度量某一系统或单元中所存在风险的大小，由指标名和指标值两部分组成，一般是用最优化的风险特征来反映系统的风险状态。它可以将复杂系统中所包含的特征信息通过最直观的一些具有实际意义数值反映出来。

4.1.1.2 指标体系

风险预警指标体系是指为确定系统风险状态而由若干相互关联的指标组成的指标集。它能全面地反映系统的风险状态。现代安全科学证明，超前预防是防止灾害发生的有效手段，预警指标体系由于综合考虑了影响系统安全的所有风险因素，能对系统中所有潜在风险进行动态监视，从而做到超前预防。根据指标体系的动态反馈作用，安全工作者可以将更多的精力放在事前安全上，尽可能地将事故消灭在萌芽状态，同时，预警指标的反馈也促使安全工作者完善安全措施，避免事故的重复发生。

4.1.1.3 指标体系的功能

指标体系作为预警系统的"触角"，在预警系统中应具有如下功能：

（1）反映功能。反映功能是指标体系最基本的功能。指标是系统安全状态的一种反映，依据相应原则建立的指标体系应能敏感地反映系统在特定时间和空间的安全状态，据此可以了解和分析系统相应的风险程度，并可通过指标反馈信息对风险管理中存在的风险进行矫正或控制。

（2）导向功能。指标体系反映了相应系统的安全状态，管理者可依据指标体系进行安全管理，确保系统运行过程中不出现偏差，使系统保持在远离临界态的暂稳态中循环。依据指标体系，管理者可以掌握系统及其子系统的薄弱环节，并据此预测和掌握系统风险状态的发展趋势。同时，管理人员可以依据指标体系对相应的风险进行监测与监控，避免遗漏重要的风险因素。

（3）监测功能。监测功能是反映功能的动态体现。依据指标体系进行风险信息收集，对重要的指标进行实时风险监测，并依据相应的指标临界值对系统进行实时分析，当单一指标或指标体系超出相应的临界值时，依据事先规定的预警规则发出相应的预警信息。

（4）比较功能。定量化的指标可以用来分析与相似对象的关联性，通过对比收集到的指标信息与理想指标信息，可以确定系统的实时风险状态。

4.1.2 指标体系建立的原则

为了建立合理科学的预警指标体系，首先要明确预警对象和目标，然后据此科学地确定预警指标体系的框架结构和指标内容，最后按照一定的原则确定获取指标信息的方法和方式。前面已经对金属非金属矿山生产系统的复杂性进行了分析，其众多的、复杂的风险因子导致了金属非金属矿山事故成因的复杂性，加上对于类似瓦斯突出等由动力现象引起的灾害发生机理的不确定性，建立一套能全面反映系统风险的指标体系相当困难。在实际应用中，并不是预警指标愈多愈好，也不是愈少愈好。预警指标数量多，在一定程度上可以全面反映系统的状态，但这必然增加了预警成本，也增加了预警分析的复杂性，不利于预警防控对策的制定；预警指标少，可以减少预警的成本并保证了预警的简单性，但是不能完全反映系统的安全状态，这都会导致虚警和误警的增加。建立风险预警指标体系应遵循以下几个原则。

（1）科学性。以复杂性科学方法和系统科学原理为指导，科学的分析预警对象的影响因素，确定影响系统灾变的主次因素和内外环境因素，这些因素的选取必须通过客观规律、理论知识分析获得，形成经验和知识的互补。风险指标体系应能真正揭示系统存在的风险，能准确地反映系统中风险的现在和未来状态，并能用严密的、合乎逻辑的理论予以解释。只有坚持科学性原则，预警指标才具有实际应用价值，才能准确地反映系统的风险状态。

（2）系统性。风险预警指标体系应能全面反映预警对象的本质特征，建立风险预警指标体系应遵循系统的特点。在选取预警指标时，不仅要选取那些能反映系统宏观变化的风险指标，更要注意选取那些由于微观变化而导致系统突变的风险指标，不能只注重那些重要的风险指标，而忽视那些不重要的风险指标。复杂系统的灾变演化机制已经证明，在系统的临界态，微小的扰动同样能引起大的事故。

（3）可量化性。选择的安全风险指标既存在定量的，也存在定性的，将定量与定性指标相结合，能够更为真实地反映出金属非金属矿山的安全状况。

（4）全面性。指标体系应能从各个侧面反映出系统的安全状态及其变化。在建立预警指标体系时，应尽可能包含所有对系统有影响的指标，需要删掉的指标应经科学验证，而不能凭经验等主观臆断地将一些认为不重要的指标删掉。对系统的状态有影响的相关指标都应在指标体系中占有一定的份额，并进行指标完备性的检验，以确定指标的全面性。

（5）时效性。风险预警的目的就是要及时、适时、准确地判断系统的风险状态，要体现"实时预警、及时报警"的预警理念。所有指标包含的信息必须具有时效性，能灵敏地反映当前系统的风险状态，并据此可以预测系统的未来态势，达到"防患于未然"的预警目的。

（6）动态性。金属非金属矿山生产系统是一个开放的耗散系统，受各方面因素的影响，随着系统状态的变化，影响因素的重要性也在不断变化，在选取预警指标时应充分考虑这种动态变化性。同时，由于对金属非金属矿山风险系统的界定和认识不足，建立的指标体系不一定是完善的，需要在对灾害不断认识的基础上通过反馈及时更新预警指标体系，不断完善预警指标的全面性，提高预警准确率。

4.2　指标预处理

风险预警指标需要能敏感地反映系统的三种时态（过去、现在和未来）和系统的三种状态（安全状态、临界状态和危险状态），确定风险评价指标，制定合理的评价指标标准，是开展金属非金属矿山风险预警活动的前提，是金属非金属矿山风险预警活动有效运转的关键环节之一。

4.2.1　指标信息

预警指标信息值的获取主要来源于3个途径：

（1）分析现有资料获得信息，包括各种法律、法规、标准、规程、制度以及事故案例等资料。

（2）预警人员现场的检测、观察和调查获得的信息。

（3）相应仪器的监测信息。

定性指标与定量指标的信息获取方式具有一定的差异，定性指标大多具有一定的模糊性和随机性，一般通过问卷调查和现场调查等方式获得，这类指标的主观性较强，在评价中应尽量减少这种指标。定量指标则可以通过直接检测、统计分析等方法获得，这类指标值反映了系统的客观事实，但易受环境扰动的影响，在时空上具有较大的差异性，因此定量指标的划分标准要因地而异、因时而异，具体的指标体系和指标标准可随系统的不同状态而调整。在金属非金属矿山生产系统中，更多的是定性与定量指标的综合，由于定性指标和定量指标在意义和获取方法上各有差异，指标之间不具有可比性和一致性，导致指标的数量级变换和对评价结果的作用方向具有较大的差异性，为了充分反映指标对系统的灵敏度，提高预警的准确度，有必要对指标进行标准化处理。

4.2.2 指标信息的标准化

预警指标的标准化处理包括指标的一致化处理和无量纲化处理。所谓一致化处理就是将预警指标类型统一，使处理后的各个指标对评价结果的作用方向相同。一般来说，在预警指标体系 $X(x_1, x_2, \cdots, x_m)$ 中，可能含有"极大型"指标、"极小型"指标、"居中型"指标和"区间型"指标。极大型指标也称为正指标，在金属非金属矿山风险分析中，这类指标值越大表示系统越安全，在安全检查中大多用此类指标；极小型指标也称为逆指标，这类指标值越小表示系统越安全；居中型指标是指那些既不是取值越大越安全，也不是取值越小越安全的指标，而是最大值和最小值之间的某个值为最安全；区间型指标是指那些处于某个区间时最为安全或危险的指标。

预警指标体系如果包含不同类型的指标，则需要通过一致化处理将所有指标的变化趋势变成一致，一般是将非极大型指标变为极大型指标。所谓无量纲化处理是指通过某种变换把具有不同数值数量级的指标转化为可以进行比较的定量值。预警指标的标准化处理是风险信息分析的基础条件，在实际应用中，指标的一致化和无量纲化一般同时进行处理。

隐性危险源的指标在风险等级边界上具有模糊性、难以定量化的特点，而模糊数学就是处理此类不确定问题的一种有效方法，本小节根据模糊数学原理，利用风险隶属度函数对隐性危险源指标值进行标准化处理。风险隶属度函数可以定量描述各类隐性危险源在系统的三个风险状态下的等级，隶属度函数通常具有主观性，一般需要利用科研成果、统计分析、相关标准等知识，在专家的参与下划分模糊边界，然后采用某种模糊分布对此边界进行模糊分析。常见的模糊分布有矩形分布、梯形分布、抛物线分布、T型分布、正态分布与柯西分布。本小节对隐性风险指标采用半梯形分布进行指标的标准化处理。

4.2.2.1 非线性模型

非线性模型主要有指数模型、二次函数模型、对数函数模型等模型，对于指数函数模型的处理如下。

（1）极大型指标的模糊隶属度函数见式（4-1）：

$$u(x) = \begin{cases} 0 & \text{当 } x \leqslant x_{\min} \\ ae^{b\left(\frac{x-x_{\min}}{x_{\max}-x_{\min}}\right)} & \text{当 } x_{\min} < x < x_{\max} \\ 1 & \text{当 } x \geqslant x_{\max} \end{cases} \qquad (4\text{-}1)$$

式中，$u(x)$ 是指标的隶属度函数；x 是指标的实际值；$x_{\max}$ 是指标的最大值；$x_{\min}$ 是指标的最小值；a、b 为常数。下面公式的符号如无特别说明意义相同。

（2）极小型指标的模糊隶属度函数见式（4-2）：

$$u(x) = \begin{cases} 0 & \text{当 } x \geqslant x_{\max} \\ ae^{b\left(\frac{x_{\min}-x}{x_{\max}-x_{\min}}\right)} & \text{当 } x_{\min} < x < x_{\max} \\ 1 & \text{当 } x \leqslant x_{\min} \end{cases} \qquad (4\text{-}2)$$

（3）居中型或区间型指标的模糊隶属度函数见式（4-3）：

$$u(x) = \begin{cases} 0 & \text{当 } x < x_{\min} \\ ae^{b\left(\frac{x-x_{\min}}{x_{in}-x_{\min}}\right)} & \text{当 } x_{\min} \leqslant x < x_{in} \\ 1 & \text{当 } x = x_{in} \\ ae^{b\left(\frac{x_{in}-x}{x_{\max}-x_{in}}\right)} & \text{当 } x_{in} < x \leqslant x_{\max} \\ 0 & \text{当 } x > x_{\max} \end{cases} \qquad (4\text{-}3)$$

式中，x_{in} 为指标的适度值，为一个值或一个区间。

4.2.2.2　线性模型

对于线性模型的处理如下。

（1）极大型指标的模糊隶属度函数见式（4-4）：

$$u(x) = \begin{cases} 0 & \text{当 } x \leqslant x_{\min} \\ \dfrac{x-x_{\min}}{x_{\max}-x_{\min}} & \text{当 } x_{\min} < x \leqslant x_{\max} \\ 1 & \text{当 } x > x_{\max} \end{cases} \qquad (4\text{-}4)$$

（2）极小型指标的模糊隶属度函数见式（4-5）：

$$u(x) = \begin{cases} 0 & \text{当 } x < x_{\min} \\ \dfrac{x-x_{\min}}{x_{\max}-x_{\min}} & \text{当 } x_{\min} \leqslant x < x_{\max} \\ 1 & \text{当 } x < x_{\min} \end{cases} \qquad (4\text{-}5)$$

（3）居中型指标的模糊隶属度函数见式（4-6）：

$$u(x) = \begin{cases} 0 & \text{当 } x < x_{\min} \\ \dfrac{x_{\max} - x}{x_{\text{in}} - x_{\min}} & \text{当 } x_{\min} \leqslant x < x_{\text{in}} \\ 1 & \text{当 } x = x_{\text{in}} \\ \dfrac{x_{\max} - x}{x_{\max} - x_{\text{in}}} & \text{当 } x_{\text{in}} < x \leqslant x_{\max} \\ 0 & \text{当 } x > x_{\max} \end{cases} \quad (4\text{-}6)$$

（4）区间型指标的模糊隶属度函数见式（4-7）：

$$u(x) = \begin{cases} 1 - \dfrac{q_1 - x}{\max\{q_1 - x_{\min}, \ x_{\max} - q_2\}} & \text{当 } x < q_1 \\ 1 & \text{当 } q_1 \leqslant x \leqslant q_2 \\ 1 - \dfrac{q_1 - x}{\max\{q_1 - x_{\min}, \ x_{\max} - q_2\}} & \text{当 } x > q_2 \end{cases} \quad (4\text{-}7)$$

式中，$[q_1, q_2]$ 是指标 x 的最佳区间。

4.3 指标权重的确定

指标体系中的指标对系统风险状态演化的作用具有差异性，为了真实地反映各个指标对系统状态演化的重要程度，需要合理地确定指标的权重。依据赋值数据的来源和分析方法的不同，确定权重的方法可分为主观赋权法、客观赋权法、主客观集成赋权法和变权法四类。

主观赋权法是专家根据对灾害因子的认识、经验和偏好进行赋值，有一定的主观随意性，受人为因素的干扰较大，评价过程的标准化程度差，特别是评价指标较多时计算量特别大，难以得到准确的结果。但由于人类对客观事物认识不足等原因，金属非金属矿山风险系统必然存在一些难以定量化的指标，主观赋权法在风险预警分析中是必不可少的一种方法。专家咨询法和层次分析法是主观赋权法的代表方法。客观赋权法是指通过对客观资料进行整理、计算、分析而得到指标权重的赋权方法，客观赋权法避免了主观因素的影响，但其权重的准确性取决于样本数据的准确性和代表性，有时会得出与客观事实相反的结论。熵值法、主成分分析法、理想点法是客观赋权法的代表方法。

主客观集成赋权法则从逻辑上综合考虑指标的客观性和主观性，将主观权重和客观权重按一定规则集成，使权重信息更加符合实际。比较典型的组合赋权法有基于简单平均的指标组合赋权法、基于加权平均的指标组合赋权法、基于最小二乘法的主客观赋权组合法、非线性规划的指标组合赋权法等。

主观赋权法和客观赋权法给出的权重是一种定权，由于预警过程中系统的安全状态不断变化，预警指标值也在不断变化，如果指标权重始终不变，则必然会导致某些重要指标被中和消失，从而无法准确地判断系统的安全状态，因此变权赋值法在权重分析中也是必不可少的。在对指标做变权处理时，变权的条件是主要评价指标的危险度值大于规定的最小危险度值或安全度值小于规定的最小安全度值时，在评价体系内做变权处理。

4.3.1 主观权重的层次集对分析法

预警指标信息值的获取主要来源于 3 个途径：分析现有资料获得信息，包括各种法律、法规、标准、规程、制度以及事故案例等资料；预警人员现场的检测、观察和调查获得的信息；相应仪器的监测信息。

金属非金属矿山是一个复杂的系统，不但包含大量的定量信息，更包含大量的定性信息，将定性信息尽可能地转化为定量信息必然需要专家的知识和经验，层次分析法（AHP，Analytic Hierarchy Process）是一种定性与定量相结合、将人的主观判断用数量形式表达和处理的评价方法，利用 AHP 法确定预警指标权重的主要步骤如下：

（1）分析系统中各因素之间的关系，建立系统的递阶层次结构。

（2）依据标度理论，对同一层次的各元素关于上一层次中某一准则的重要性进行两两比较，构造判断矩阵。

（3）由判断矩阵计算层次单排序重要性系数（权重），并进行一致性检验。

（4）对层次单排序的重要性系数进行综合，计算层次总排序重要性系数，并进行层次总排序的一致性检验。

AHP 方法从本质上是一种将专家的定性认识定量化的过程，AHP 法确定的指标权重完全取决于专家的经验知识，但由于各个专家的知识水平、思维方式等各不相同，加上所用于判断的标度也是一种模糊的而不是绝对的数值，导致了AHP 方法具有很大的主观随意性，所获得的权重具有一定的差异性。本小节借鉴集对分析理论的思想对 AHP 进行了改进研究，提出了一种获取主观权重的层次集对分析法（H-SPA）。集对分析（SPA，Set-Pair Analysis）是由我国学者赵克勤提出的一种不确定性理论，该方法集成了传统方法处理不确定性信息的优点，从辩证的角度系统地分析和处理确定与不确定因素以及它们之间的联系和转化，能有效地减少专家的主观随意性，提高指标权重确定的准确性。集对分析实际上是分析具有一定联系的两个集合所组成的集对，集对联系的定量描述联系度可用式（4-8）来表示：

$$u = S/N + (F/N)i + (P/N)j \qquad (4-8)$$

式中，u 为联系度；N 为所描述集对中两个集合所具有的特性总数；S 为集对中两个集合共有的特性数；P 为集对中两个集合相互对立的特性数；$F = N - S - P$ 是集对中两个集合既不共同具有又不相互对立的特性数，即不确定数；S/N，F/N，P/N 分别称为所建立集对的同一度、差异度与对立度；j 为对立度系数，一般 $j = -1$，有时仅起对立标记作用；i 为差异度系数，在（-1，1）区间取值，有时仅起差异标记作用。令 $S/N = a$，$F/N = b$，$P/N = c$，于是公式（4-8）可简记为式（4-9）：

$$u = a + bi + cj \qquad (4-9)$$

式中，u 为联系度；a 为同一度；b 为差异度；c 为对立度；a、b、c 满足归一化条件 $a + b + c = 1$。层次集对分析法首先利用层次分析法对指标进行分析，构造判断矩阵，然后进行一致性检验，如果满足条件，则用集对分析法对判断矩阵进行不确定分析，最大限度地消除专家的主观随意性，从而提高指标权重的精确性。

设专家组由 r 个专家组成，评价指标集 $X = \{X_k\}$（$k = 1$，$2\cdots$，n），构造判断矩阵 $M_{zkl} = $（$z = 1$，$2\cdots$，$r$；$k = 1$，$2\cdots$，$n$；$l = 1$，$2\cdots$，$n$），表示第 z 个专家对任意两个指标间的相对重要关系的意见，见式（4-10）：

$$M_{zkl} = \begin{bmatrix} x_{z11} & x_{z12} & \cdots & x_{z1n} \\ x_{z21} & x_{z22} & \cdots & x_{z2n} \\ \vdots & \vdots & \vdots & \vdots \\ x_{zn1} & x_{zn2} & \cdots & x_{znn} \end{bmatrix} \qquad (4-10)$$

专家在确定指标相对重要性时，虽然对各指标之间的关系存在不同的认识，但这种认识一般不会出现完全相反的情况，通常的情况是即使存在一定差异但也比较相近，因此在专家意见的联系度中 $c = 0$，评判意见可用 $u = a + bi$ 的同异联系度表示。利用联系度的矩阵形式建立描述指标相对重要性的联系度模型 u_{qkl}，见式（4-11）：

$$u_{qkl} = A_{kl} + B_{kl}i = \begin{bmatrix} a_{11} & a_{12} & \cdots & a_{1n} \\ a_{21} & a_{22} & \cdots & a_{2n} \\ \vdots & \vdots & \vdots & \vdots \\ a_{n1} & a_{zn2} & \cdots & a_{nn} \end{bmatrix} + \begin{bmatrix} b_{11} & b_{12} & \cdots & b_{1n} \\ b_{21} & b_{22} & \cdots & b_{2n} \\ \vdots & \vdots & \vdots & \vdots \\ b_{n1} & b_{zn2} & \cdots & b_{nn} \end{bmatrix}i \qquad (4-11)$$

式中，A_{kl} 为描述专家组对指标相对重要性认识的同一性矩阵；B_{kl} 为描述专家组对指标相对重要性认识的差异性矩阵。A_{kl}、B_{kl} 中的 a_{kl}，b_{kl} 分别按照式（4-12）和式（4-13）计算：

$$a_{kl} = \begin{cases} \min_z \{x_{zkl}\} & \text{当 } x_{zkl} \geqslant 1 \\ \max_z \{x_{zkl}\} & \text{当 } x_{zkl} < 1 \end{cases} \qquad (4-12)$$

$$b_{kl} = \begin{cases} \left| \max_z \{x_{zkl}\} - \min_z \{x_{zkl}\} \right| & \text{当 } x_{zkl} \geq 1 \\ (-1)\left| \max_z \{x_{zkl}\} - \min_z \{x_{zkl}\} \right| & \text{当 } x_{zkl} < 1 \end{cases} \quad (4\text{-}13)$$

式中，a_{kl} 表示专家对指标重要性认识的同一性，即确定性；b_{kl} 表示专家对指标重要性认识的差异性，即不确定性。

因为 $x_{zkl} = \dfrac{1}{x_{zkl}}$，所以 $a_{lk} = \max\{x_{zkl}\} = \dfrac{1}{\min\{x_{zkl}\}}$，即 $a_{kl} = \dfrac{1}{a_{lk}}$。使用相容矩阵法对同一性矩阵 $\boldsymbol{A}_{kl}$ 进行一致性处理，可得确定评价指标权重向量的基础矩阵 $\boldsymbol{D}_{kl} = (d_{kl})$，$d_{kl} = \sqrt[n]{\prod_{p=1}^{n} a_{kp} \cdot a_{pl}}$，则指标权重 w_k 按照式（4-14）计算：

$$w_k = \frac{c_k}{\sum_{s=1}^{n} c_s} \quad (k = 1, 2, \cdots, n) \quad (4\text{-}14)$$

式中，$c_s = \sqrt[n]{\prod_{l=1}^{n} d_{kl}}$。

差异度系数 i 可以在 $[0, 1]$ 内进行取值分析，由此可以获得专家组对指标重要性认识的变化区间，进而可得到指标权重的变化范围。这种动态的指标权重符合人类对客观事物认识的复杂性，随着专家系统的不断完善和对灾害演化规律的不断认识，差异度 i 的范围逐渐变小，权重的变化范围也相应逐渐变小，指标权重由不确定性向相对确定性转变，这样就很好地消除了指标权重确定的主观随意性。

4.3.2 客观权重的信息熵分析法

金属非金属矿山生产系统中的风险指标具有不确定性，指标信息的不确定性可以用信息熵来衡量。熵是一种用于度量不确定性的有效表达方式，其最初是由德国物理学家克劳修斯（Rudolf Clausius）提出的物理学概念，用来表示热量传递的方向，后来拓展为表示任何一种能量在空间中分布的均匀程度，能量分布得越均匀，熵就越大，当能量完全均匀分布时，这个系统的熵就达到最大值。信息论的创始人香浓（Claude E. Shannon）认为信息的基本作用就是消除人们对事物的不确定性，为了对信息予以量化度量，香浓于 1948 年将熵引入到信息的分析中，提出了信息熵的概念。信息熵表示在一个信息系统中，系统越有序，信息熵就越低；反之，一个系统越是混乱，信息熵就越高。一个信息系的信息熵统可用式（4-15）予以度量：

$$H(X) = -\sum_{i=1}^{n} p(x_i) \log_b p(x_i) \quad (4\text{-}15)$$

式中，$H(X)$ 为一个信息系统，$X = \{x_1, x_2, \cdots, x_n\}$；$n$ 为 X 所含的样本个数；$p(x_i)$ 为 x_i 在信息系统中发生的概率；b 是对数所使用的底，通常是 2，对应的熵的单位是 bit，计算信息熵一般取 $b = 2$。

利用信息熵可以分析指标体系中各指标的相对重要性，在一个确定的指标体系中，如果某个指标的熵小，则表明该指标的信息程度大，即在指标体系中的作用大，指标的重要性大，指标权重高；反之，指标的信息熵大，则表明该指标的信息程度少，其指标的权重小。因此，依据指标体系中各指标的信息，可以用信息熵来客观地分析指标权重。将所研究的对象集记为 $\{A_i\}$ $(i = 1, 2\cdots, m)$，予以分析的指标体系记为 $\{X_j\}$ $(j = 1, 2\cdots, n)$，用 x_{ij} 表示第 i 个判别等级中第 j 个指标的原始值。利用信息熵确定客观权重的计算步骤为：

（1）首先对指标值做标准化处理，并将所有指标转为正指标，计算 j 个指标在第 i 个判别等级所占的比例 p_{ij}，可按照式（4-16）计算：

$$p_{ij} = \frac{x_{ij}}{\sum_{i=1}^{m} x_{ij}} \quad (i = 1, 2, \cdots, m; j = 1, 2, \cdots, n) \tag{4-16}$$

（2）计算第 j 个指标的熵值 e_j，可按照公式（4-17）计算：

$$e_j = -k \sum_{i=1}^{n} p_{ij} \log_2 p_{ij} \tag{4-17}$$

式中，$k(\geqslant 0)$ 为信息熵的修正系数，一般取值为 1。

（3）计算第 j 个指标的差异系数 g_j，可按照式（4-18）计算：

$$g_j = 1 - e_j \tag{4-18}$$

对于指标体系系统，差异系数越大，则熵值越小，表示该指标的重要性越大。

（4）计算第 j 个指标的权重 w_j，可按照式（4-19）计算：

$$w_j = \frac{g_j}{\sum_{j=1}^{n} g_j} \tag{4-19}$$

熵值法首先计算指标的信息熵，然后分析同标准的差异系数获得指标重要性的量化值，这保证了指标权重的客观性，但在实际应用中，熵值法可能会得出与实际情况相反的指标权重，即重要指标的权重小而不重要指标的权重反而大，这显然是不合理的。针对传统熵值法的不足，本节对熵值法进行了改进，首先利用粗糙集理论对指标的知识系统进行属性约简，得到指标体系的决策表，然后利用信息增益熵分析指标对系统的影响程度，进而确定指标权重。其计算过程如下：

（1）对指标体系进行离散化，并依据粗糙集理论对指标属性进行知识约简，得到约简后的知识系统 S。设知识系统中包含 n 个数据样本，判别等级 D 具有 m

个不同的值。将知识系统 S 的信息熵 $H(S)$ 定义为式（4-20）：

$$H(S) = -\sum_{i=1}^{n} p_i \log_2 p_i \tag{4-20}$$

式中，p_i 是类别 $\{D_i\}$（$i = 1$，$2\cdots$，m）的样本占总样本的比率。

（2）计算各指标的信息熵。设指标 C 具有 k 个离散值 $\{c_1$，c_2，$\cdots$，$c_k\}$，其将知识系统 S 划分成 k 个子集 $\{S_1$，S_2，$\cdots$，$S_k\}$，n_{ij} 是子集 S_j 中类 D_i 的样本数，指标 C 的信息熵见式（4-21）：

$$H(C) = -\sum_{j=1}^{k} p_j' \sum_{i=1}^{m} p_{ij} \log_2 p_{ij} \tag{4-21}$$

式中，p_j' 表示指标 C 为 D_j 的样本数占总样本的比例；p_{ij} 表示指标 C 取值为 C_j（$i = 1$，2，$\cdots$，k）时类别 D_i 的条件概率，$p_{ij} = \dfrac{n_{ij}}{\sum\limits_{i=1}^{m} n_{ij}}$。

（3）计算指标的差异系数 g 见式（4-22）：

$$g = H(S) - H(C) \tag{4-22}$$

（4）计算第 j 个指标的权重 w_j，没区别式（4-23）：

$$w_j = \frac{g_j}{\sum\limits_{j=1}^{n} g_j} \tag{4-23}$$

4.4　金属非金属矿山风险预警指标体系

金属非金属矿山安全生产过程中存在多种风险因素，显性风险因素的预警指标一般需要从其演化机理方面建立预警指标体系，其预警结果一经判定，就必须立即采取防控措施，属于实时预警的范畴。金属非金属矿山的显性风险一般需要依据金属非金属矿山的实际生产情况，结合专家经验、安全生产相关规定等建立金属非金属矿山风险预警知识系统进行预警分析，相关预警知识在第 5 章中进行研究。本节从宏观上建立了风险预警指标体系，所研究的风险预警指标属于隐性风险的范畴，一般采用周期性的预警分析。依据现场调查结果，按照指标体系的建立原则，并参照相关文献，建立如下风险预警指标体系，如图 4-1 所示。

依据前面建立的指标值模糊隶属度方法，参考相关研究成果，结合金属非金属矿山安全规程、专家经验等对人、设备、环境与管理指标的隶属度进行分析。

4.4.1　人的风险指标

人的风险指标有以下几个方面。

（1）身体健康状况。身体健康状况采用体检合格率表示，体检合格率 = 体检

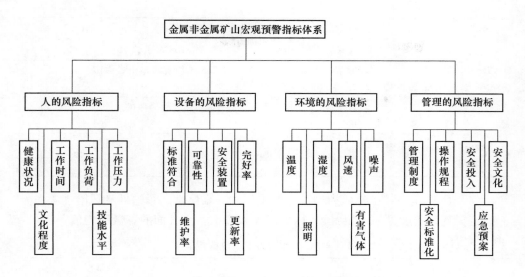

图 4-1　金属非金属矿山风险预警指标体系构成

合格人数/参见体检的人数。其隶属度函数用式（4-24）表示：

$$u(x) = \begin{cases} 1 & \text{当 } x \leqslant 0.02 \\ (0.1 - x)/0.08 & \text{当 } 0.02 < x \leqslant 0.1 \\ 0 & \text{当 } x > 0.1 \end{cases} \quad (4\text{-}24)$$

（2）工作时间。其隶属度函数用式（4-25）表示：

$$u(x) = \begin{cases} 1 & \text{当 } x \leqslant 8 \\ (10 - x)/2 & \text{当 } 8 < x \leqslant 10 \\ 0 & \text{当 } x > 10 \end{cases} \quad (4\text{-}25)$$

（3）工作负荷。工作负荷隶属度用修正的古柏-哈柏评定量表给出，见表4-1。

表 4-1　修正的古柏-哈柏评定量表

负荷等级	努力程度	评分	隶属度
经一定努力就能顺利达到规定任务要求	操作者只需很小努力，就能达到任务规定要求	1	1
	操作者作出较低努力，就能达到任务规定要求	2	0.9
达到任务规定要求需作出可接受的努力	为达到任务规定要求，操作者需作出较大努力	3	0.8
	为达到任务规定要求，操作者需作出大努力	4	0.7
	为达到任务规定要求，操作者需作出很大努力	5	0.6
	为达到任务规定要求，操作者需作出最大努力	6	0.5

负荷等级	努力程度	评分	隶属度
达到任务规定要求需作出很大努力，但不能避免发生差错	为使差错减至中等水平，操作者需作出最大努力	7	0.4
	为避免出现大的或大量的差错，操作者需作出最大努力	8	0.3
	为完成任务，操作者需作出极大努力，但仍存在大量差错	9	0.2
作出极大努力，仍发生大的差错或连续发生差错	虽作出极大努力，仍不能完成任务	10	0.1

（4）工作压力。工作压力用工作的重要性、艰巨性、紧迫性和风险性 4 个方面确定，其隶属度见表 4-2，工作压力的隶属度取 4 个方面的算数平均值。

表 4-2　工作压力隶属度确定表

内容	程度	隶属度
工作重要性	重要	0.2
	较重要	0.5
	一般	0.8
工作艰巨性	困难	0.2
	较困难	0.5
	一般	0.8
工作紧迫性	紧迫	0.2
	较紧迫	0.5
	一般	0.8
工作的风险性	一般	0.2
	危险	0.5
	较危险	0.8

（5）文化程度。知识文化程度用高中（中专、技校）学历以上工作人员的占有比例来表示。其隶属度用式（4-26）表示：

$$u(x) = \begin{cases} 0 & \text{当 } x \leq 0.5 \\ (x - 0.5)/0.4 & \text{当 } 0.5 < x \leq 0.9 \\ 1 & \text{当 } x > 0.9 \end{cases} \quad (4\text{-}26)$$

（6）技能水平。特殊技能水平可用作业人员持证率来衡量。《金属非金属矿山安全规程》（GB 16423—2006）规定：矿务局（公司）局长（经理）、矿长需具有安全任职资格证书；特种作业人员须具有操作资格证书。作业人员持证率＝实际持证人数／应持证人员人数。其隶属度用式（4-27）表示：

$$u(x) = \begin{cases} 0 & \text{当 } x \leqslant 0.95 \\ (x-0.95)/0.05 & \text{当 } 0.95 < x \leqslant 1 \\ 1 & \text{当 } x = 1 \end{cases} \quad (4\text{-}27)$$

4.4.2 设备的风险指标

设备的风险指标有以下几方面。

（1）标准符合性。设备标准符合性用矿用设备具有安全标志的比率来衡量，其隶属度函数见式（4-28）：

$$u(x) = \begin{cases} 0 & \text{当 } x \leqslant 0.95 \\ (x-0.95)/0.05 & \text{当 } 0.95 < x \leqslant 1 \\ 1 & \text{当 } x = 1 \end{cases} \quad (4\text{-}28)$$

（2）设备可靠性。设备可靠性用设备的故障率来衡量，设备故障率＝设备故障停车时间／设备生产运转时间，其隶属度函数见式（4-29）：

$$u(x) = \begin{cases} 1 & \text{当 } x \leqslant 0.1 \\ (0.3-x)/0.2 & \text{当 } 0.1 < x \leqslant 0.3 \\ 0 & \text{当 } x > 0.3 \end{cases} \quad (4\text{-}29)$$

（3）安全装置完好程度。安全装置完好程度＝完好保护装置数量／总的保护装置数量，其隶属度函数见式（4-30）：

$$u(x) = \begin{cases} 0 & \text{当 } x \leqslant 0.8 \\ (x-0.8)/0.18 & \text{当 } 0.8 < x \leqslant 0.98 \\ 1 & \text{当 } x > 0.98 \end{cases} \quad (4\text{-}30)$$

（4）设备完好率。设备完好率一般包括设备数量完好率及设备运转完好率，设备完好率＝完好设备数量／总设备数量。其隶属度函数见式（4-31）：

$$u(x) = \begin{cases} 0 & \text{当 } x \leqslant 0.8 \\ (x-0.8)/0.15 & \text{当 } 0.8 < x \leqslant 0.95 \\ 1 & \text{当 } x > 0.95 \end{cases} \quad (4\text{-}31)$$

（5）设备更新改造率。设备的更新改造包括两个方面：1）使用期限到期需要改造；2）淘汰旧设备，使用更先进的设备。设备更新改造率＝设备更新改造数／设备应更新改造数，其隶属度函数见式（4-32）：

$$u(x) = \begin{cases} 0 & \text{当 } x \leqslant 0.85 \\ (x-0.85)/0.18 & \text{当 } 0.85 < x \leqslant 0.95 \\ 1 & \text{当 } x > 0.95 \end{cases} \quad (4\text{-}32)$$

（6）设备维护率。设备维护率=设备已维护数/按规定设备需维护数，其隶属度函数见式（4-33）：

$$u(x) = \begin{cases} 0 & 当 x \leq 0.8 \\ (x - 0.85)/0.13 & 当 0.85 < x \leq 0.98 \\ 1 & 当 x > 0.98 \end{cases} \quad (4\text{-}33)$$

4.4.3　环境的风险指标

环境的风险指标分为作业环境和自然环境两大类，在作业环境方面主要有温度、湿度、风速、有效风量、噪声、有害气体、照明等风险因素。

（1）温度。温度的变化不仅会引起一些危险源状态的变化，导致风险增大，更会导致工作人员不安全行为的增加，相关法律法规规定，生产矿井采掘工作面空气温度不得超过 26℃，采掘工作面空气温度超过 30℃ 时，必须停止作业。温度的隶属度函数见式（4-34）：

$$u(x) = \begin{cases} 0 & 当 x \leq 5 \\ (x - 5)/13 & 当 5 < x \leq 18 \\ 1 & 当 18 < x \leq 22 \\ (30 - x)/8 & 当 22 < x \leq 30 \\ 0 & 当 x > 30 \end{cases} \quad (4\text{-}34)$$

式中，x 为工作区域温度，℃。

（2）湿度。湿度采用相对湿度确定空气湿度的隶属度，其函数见式（4-35）：

$$u(x) = \begin{cases} e^{0.08(x-0.4)} & 当 x < 0.4 \\ 1 & 当 0.4 < x \leq 0.85 \\ e^{-0.0045(x-0.85)} & 当 x > 0.85 \end{cases} \quad (4\text{-}35)$$

（3）风速。风速是衡量井下通风系统的一个有效指标，其变化会导致危险因素的产生，《金属非金属矿山安全规程》（GB 16423—2006）中明确规定了不同场所的风速要求。如在采煤工作面，所允许的最低风速为 0.25m/s，最高风速为 4m/s，当综采工作面采取降尘措施后，其最大风速可超过规定值，但不得超过 5m/s。湿度的隶属度函数可用式（4-36）表示：

$$u(v) = \begin{cases} e^{0.097(v-0.5)} & 当 v < 0.5 \\ 1 & 当 0.5 < v \leq 3 \\ e^{-0.0061(v-3)} & 当 v > 3 \end{cases} \quad (4\text{-}36)$$

式中，v 为工作面风速，m/s。

（4）噪声。长时间的噪声容易引起工作人员的生理、心理问题，降低人的作业可靠性，人受噪声影响的隶属度函数可用式（4-37）表示：

$$u(x) = \begin{cases} 1 & \text{当 } x \leqslant 60 \\ (120 - x)/60 & \text{当 } 60 < x \leqslant 120 \\ 0 & \text{当 } x > 120 \end{cases} \quad (4\text{-}37)$$

式中，x 为噪声强度，dB。

（5）有害气体。矿井有害气体物质主要包括：CO、H_2S、SO_2、NO_x 等有害气体。《金属非金属矿山安全规程》（GB 16423—2006）对有害气体的最高允许浓度有严格的规定，见表 4-3。另外规定，在采掘工作面的进风流中，氧气的浓度不低于 20%，二氧化碳的浓度不超过 0.5%。

表 4-3 矿井有害气体最高允许浓度

名　　称	最高允许浓度
CO	0.0024
H_2S	0.00066
SO_2	0.0005
NO_x	0.00025

（6）照明。照明对工作人员的身心具有一定的影响，可能会导致人不安全行为的增加，距美国研究者的统计，在人身事故的原因中，照明条件差占 5%，在人身事故间接原因中占 20%，改善照明条件后，事故次数减少 16%。照明对作业的影响隶属度函数可用式（4-38）表示：

$$u(x) = \begin{cases} e^{0.00012(x-0.5)} & \text{当 } x < 100 \\ 1 & \text{当 } x \geqslant 100 \end{cases} \quad (4\text{-}38)$$

式中，x 为照度，lx。

4.4.4 管理的风险指标

管理的风险指标有以下几方面。

（1）安全管理制度情况。安全管理制度用安全管理制度完善程度和执行程度的平均值来描述。安全管理制度完善程度的隶属度函数可用式（4-39）表示：

$$u(x) = \begin{cases} 1 & \text{当 } x > 0.95 \\ (x - 0.8)/0.15 & \text{当 } 0.8 < x \leqslant 0.95 \\ 0 & \text{当 } x \leqslant 0.8 \end{cases} \quad (4\text{-}39)$$

安全管理制度执行程度的隶属度函数可用式（4-40）表示：

$$u(x) = \begin{cases} 1 & \text{当 } x = 1 \\ (x - 0.85)/0.15 & \text{当 } 0.85 < x \leqslant 1 \\ 0 & \text{当 } x \leqslant 0.8 \end{cases} \quad (4\text{-}40)$$

（2）安全操作规程情况。安全操作规程用安全操作规程的完善程度及其落实程度描述，其隶属度函数可用式（4-41）表示：

$$u(x) = \begin{cases} 1 & 当\ x > 0.95 \\ (x - 0.8)/0.15 & 当\ 0.8 < x \leqslant 0.95 \\ 0 & 当\ x \leqslant 0.8 \end{cases} \qquad (4\text{-}41)$$

（3）安全投入。安全投入可用实际投入资金与国家规定应投入资金的比例来表示，其隶属度函数可用式（4-42）表示：

$$u(x) = \begin{cases} 1 & 当\ x = 1 \\ (x - 0.85)/0.15 & 当\ 0.85 < x \leqslant 1 \\ 0 & 当\ x \leqslant 0.8 \end{cases} \qquad (4\text{-}42)$$

（4）安全文化。安全文化难以定量化，因此本节用较为简单的模糊语言描述：安全文化氛围浓厚的隶属度赋值为 1；安全文化一般的隶属度赋值为 0.55；无安全文化的隶属度赋值为 0。

（5）安全标准化作业。安全标准化作业用安全标准化作业制度与作业总数的比例来表示，其隶属度函数可用式（4-43）表示：

$$u(x) = \begin{cases} 1 & 当\ x > 0.95 \\ (x - 0.8)/0.1 & 当\ 0.8 < x \leqslant 0.9 \\ 0 & 当\ x \leqslant 0.8 \end{cases} \qquad (4\text{-}43)$$

（6）应急预案的完善性。应急救援包括应急救援预案的编制、应急资源配置和应急演练 3 个方面的内容，用实际应急预案情况与规定金属非金属矿山应急预案完善性的比率来表示，其隶属度函数可用式（4-44）表示：

$$u(x) = \begin{cases} 1 & 当\ x > 0.95 \\ (x - 0.85)/0.1 & 当\ 0.85 < x \leqslant 0.95 \\ 0 & 当\ x \leqslant 0.85 \end{cases} \qquad (4\text{-}44)$$

5 风险预警知识库

5.1 基本概念

学者们对"知识"这一抽象概念持有不同的观点，但总体上可以概括为：知识是人类进行一切智能活动的基础，是人们在长期的生活及社会实践、科学研究以及实验中积累起来的对客观世界的认识和经验。金属非金属矿山风险预警知识库是金属非金属矿山风险预警平台的核心，其存储知识量的丰富程度直接影响到金属非金属矿山风险预警平台的智能性和有效性。风险预警知识库中存储两大类风险知识：（1）风险预警规则知识；（2）风险对策库知识。

风险预警规则知识库中存储可以被触发的预警规则，这类规则较适用于实时预警，尤其对于因素预警或具有临界阈值的单项指标的预警具有较高的灵敏性。当风险信息经人工输入或由仪器检测传入预警知识库后，风险指标信息一旦超过相应的预警临界阈值，就会触发预警知识库的预警规则，预警系统会自动判断预警等级，发出预警信号。当出现警情时，通过与风险对策库的关联分析，由对策库依据警情给出相应的排警措施。在风险预警中，风险预警模型也可以完成此类功能，但风险预警模型侧重于预先性风险分析，适用于周期性预警。风险预警模型与风险知识库互为补充，风险知识库的部分预警规则来源于风险预警模型，而建立风险预警模型则需要知识库中预警知识的支持。

5.1.1 知识的含义

在金属非金属矿山风险预警中，涉及大量的数据、信息以及知识。要了解知识的基本含义，首先需要对数据和信息有一个清楚的认识。其中，数据是对客观事物进行表述的一种符号，这些符号可以是数字或文字，也可以是图像、计算机程序或者其他可解读的形式。数据在经过一定规则的解读和处理就变成了信息。也可以说信息是对客观事物特征的反映，使得数据变得有意义，便于理解。而知识是信息加工的产物。关于知识的含义，具有代表性的说法有海叶斯-罗斯（Heyes Roth）提出的三维空间知识描述：

$$知识＝事实＋信念＋启发式$$

知识的范围从具体到一般，知识的目的从说明到指定，知识的有效性从精确到不精确，知识描述的三维空间如图 5-1 所示。

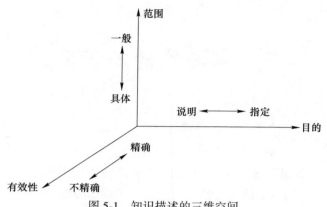

图 5-1　知识描述的三维空间

知识是由特定领域的描述、关系和过程组成，是经过整理、解释、挑选和改造的信息，是以各种方式把一个或多个信息关联在一起的信息结构。从机器学习的视角，通常把知识分为说明性知识、问题求解知识和元知识三类。

（1）说明性知识，描述具体问题以及问题求解的当前状况，即描述与对象相关的事实、动作、事件等，有时还需要描述与事件相关的因果关系、时间顺序等。

（2）问题求解知识，主要是指与领域相关的知识，因此也称领域知识。它说明了如何处理与问题相关的数据及获得问题的解。问题求解知识是专家系统的关键所在。

（3）元知识，在专家系统中是指使用和控制该系统领域知识的知识。元知识可分为两类：1）关于已知知识的元知识，主要刻画了领域知识的内容和结构的一般特征；2）关于如何运用这些知识的元知识，它通常描述问题求解的思路和方法，以及解决一个任务而需完成的计划、组织和选择。

5.1.2　风险知识的获取

知识库是知识的存储机构，用于存储领域内的原理性知识、专家的经验性知识以及有关的事实等。知识获取的主要任务是为专家系统获取知识，建立起健全、有效的知识库，以满足求解领域问题的需要。按照获取途径划分，知识获取方法主要有 3 种。

（1）知识工程师。知识工程师是一个计算机方面的工程师，他从专家那里获取知识，并把它以正确的形式储存到知识库里去。由于专家所掌握的知识和能存储于计算机的知识形式之间通常存在很大的差别，所以知识工程师与专家之间要多次交换意见、密切配合才能做到使知识库正确地反映专家的知识。

（2）知识编辑器。在这种方法中，知识编辑器提供一个具有一定格式的对话界面，领域专家按照对话要求输入知识。

（3）知识学习器。这是目前国内外学者研究最为热门的、也是最难实现的一种知识获取方法。目前在专家系统应用领域，知识库中知识的获取方式是将前两种方式相结合。

在金属非金属矿山风险预警平台中，知识获取的基本任务是获取与金属非金属矿山安全生产风险相关的各类知识，建立起完备、有效的风险知识库，以保证金属非金属矿山风险预警平台预警的准确性和科学性。知识获取一般需要经过抽取知识、转换知识、输入知识、检测知识4个过程。

（1）抽取知识。抽取知识是指把蕴涵于风险演化规律中的适用信息采用技术手段抽取出来，将信息转化为知识。按照自动化程度划分，金属非金属矿山风险知识的抽取方式可分为手工抽取方式、半自动抽取方式和自动抽取方式。手工抽取的知识主要来源于领域专家及相关专业文献，包括相应的法律、法规、规程、规定、标准、相关的事故案例等知识，这类知识并不都是以某种现成的形式存在于知识源中可供使用，需要知识工程师与金属非金属矿山安全专家合作，通过各种方法进行搜集、分析、综合、归纳和推理，最后由知识工程师将获得的风险知识存储于风险预警知识库中。半自动抽取知识采用综合集成方法，一方面通过某种智能知识抽取系统自动抽取安全生产中的风险知识规则，另一方面则通过与知识抽取系统的交互作用集成专家经验和相关知识。自动抽取知识是指预警系统自身具有获取知识的能力，能从预警信息系统中自动"学习"相关知识，能自动挖掘相关风险知识规则，并能在运行实践中不断总结，从而归纳出新的知识，发现知识中可能存在的错误，不断完善预警知识库。在金属非金属矿山风险预警系统的初级阶段以手工抽取方式为主，在风险预警系统的成熟阶段则以自动抽取方式为主，而半自动抽取方式则伴随预警系统的整个生命周期。

（2）转换知识。转换知识是指把获取的事实知识转化为计算机能识别的知识。专家经验、专家知识或相关资料中的知识通常用自然语言、图形和表格等形式表示，因此需要将此类知识转换为计算机能识别的预警知识。

（3）输入知识。输入知识就是把计算机能识别的风险预警知识转存于预警知识库中。在风险预警系统中需要开发专家系统，通过专家系统与知识工程师及专家的交互完成知识输入。

（4）检测知识。建立风险预警知识库一般要经过上述的几个环节，任何环节的失误都会产生错误的知识，从而导致虚警和误警，因此必须对知识进行检测，及时发现知识库中可能存在的错误，并对其采取相应的修正措施，检测知识活动是保证预警知识动态更新的必要技术手段。

5.1.3　知识的表示

知识表示主要有规则、框架、逻辑等方法。这些方法都是基于心理学提出来的，它们主要描述了人类智能的逻辑思维过程，其表示形式也体现为某种逻辑形式，至于人类的其他思维形式，例如形象思维，很难用这种逻辑形式表示。知识表示方法的选择必须根据所涉及的具体专业领域知识进行，要求所选用的表示方法一方面具有表达专家知识的能力，另一方面能简单方便地描述、修改和解释系统中的知识。在确定知识表达方法的同时，还应考虑如何迅速有效地调用知识。

5.1.3.1　基于规则的知识表示

规则一般由条件和结论两部分组成，如果考虑结论的不确定性推理，则可在结论后附加置信度量值。规则的一般表示形式为：

<RULE>= （IF <C> THEN（D）CNF <置信度值>）

其中，C 是规则的条件；D 是结论，用于指出该规则的前提条件 C 满足时，应该得出的结论或应该执行的操作；CNF 为规则结论部分所附加的置信度，称为规则强度，取值在 [0，1] 之间。在不确定推理中，只要按照置信度的要求达到一定的相似度，就认为已知事实与前提条件匹配，再按照一定的算法将这种可能性传递到结论，即可得出一条预警规则知识。例如关于《金属非金属矿山安全规程》（GB 16423—2006）中对矿井有害气体最高应许浓度的规定，预警知识库可用产生式规则表示，如图 5-2 所示。

```
RULE    HARMFUL GAS 01
   IF   CO 浓度大于等于  0.0024    OR
        NO₂浓度大于等于  0.00025 OR
        SO₂浓度大于等于  0.0005   OR
        H₂S 浓度大于等于  0.0006   OR
        NH₃浓度大于等于  0.004
THEN    报警
CNF     0.98
```

图 5-2　预警知识库产生规则表示法

这条规则的含义是：预警规则名为 HARMFUL GAS 01，当传感器传入的有害气体监测信息为：CO 浓度大于等于 0.0024 或者 NO_2 浓度大于等于 0.00025 或者 SO_2 浓度大于等于 0.0005 或者 H_2S 浓度大于等于 0.0006 或者 NH_3 浓度大于等于 0.004 时，预警系统报警，此时的置信度为 98%。

基于规则的知识表示形式简单明了，能较好地描述金属非金属矿山预警知识库中的各种规程、标准，对已经形成共识的灾害规律能快速预警，比较适合建立静态的金属非金属矿山风险预警知识。

但其对于一些发生机理模糊、影响因素复杂的风险因子，基于规则的知识表示存在一定的缺陷，如只能表示显性知识，对于一些经验知识等隐性知识则无能为力；无自主学习能力，受限于专家知识的瓶颈，在知识库覆盖范围内的问题，能迅速给出答案，当某一风险触发规则不存在于知识库时，则不能给出合理的答案，灵活性差。

5.1.3.2 基于框架的知识表示

框架表示法是由明斯基（Minsky）于 1975 年提出的一种表示事物状态的知识表示方法。框架表示法的基本观点是"人对现实世界中各种事物的认识都是以一种类似框架的结构存储在记忆中的，当遇到一个新事物时，就从记忆中选择一个合适的知识框架，并依据新情况对其细节加以修改、补充，形成对新事物的认识又记忆在人脑中，以丰富人的知识"。框架表示法模拟了人们认识与处理客观事物的思维过程，当人们分析和解释遇到的新问题时，首先从记忆中选择一个类似事物的大体框架进行匹配，然后通过对其独有的特征进行修改或补充，进而形成对新事物的进一步认识，最后用所存储的知识和经验来解决新的问题。框架表示法不但能将客观事物的各类特性详细的表示出来，还可以把新旧事物的联系也清晰的表示出来，因此可以处理复杂性问题。而产生式表示法中的知识单位是产生式规则，这种方法不仅知识单位较小，而且规则僵硬，缺乏健壮性，不利于处理复杂性问题，因此在风险预警知识库的建立中一般将两者结合起来共同使用，以取得互补的效果。

框架由描述事物的多个方面的槽组成，槽用以描述所研究对象在某一方面的属性。每个槽又包含多个侧面，侧面用于描述相应属性的一个方面，槽和侧面所赋予的值分别称为槽值和侧面值。因此，一个框架通常由框架名、槽名、侧面和值这 4 部分组成，其一般结构见表 5-1。

表 5-1 框架结构

<框架名>	
<槽名 1><槽值 1>丨	<侧面名 11><侧面值 111，侧面值 112，…>
	<侧面名 12><侧面值 121，侧面值 122，…>
<槽名 2><槽值 2>丨	<侧面名 21><侧面值 211，侧面值 212，…>
	<侧面名 22><侧面值 221，侧面值 222，…>
……	
<槽名 k><槽值 k>丨	<侧面名 k1><侧面值 k11，侧面值 k12，…>
	<侧面名 k2><侧面值 k21，侧面值 k22，…>

框架表示方法的主要优点是对问题的抽象概念及其细节描述进行了分层处理和表示，这样有助于减少在知识库中搜索知识的时间。目前，说明性知识通常用这种方法表示。

5.1.3.3 基于逻辑的知识表示

在知识的逻辑表示方法中，知识是借助于原子公式或由原子公式组合而成的合式公式表示的。在实际中一般只用一阶谓词演算，许多人工智能语言就是以它为基础的。这种表达方法中的基本组成成分是谓词符号、变量符号、函数符号和常量符号，并用圆括弧、方括弧、花括弧和逗号隔开，以表示论域内的关系。例如，用原子公式表示"采掘单元（Dig）的设备和人员工作正常"：

$$WORKED\left[device\left(Dig\right), worker\left(Dig\right)\right]$$

其中，WORKED 为谓词符号；device、worker 为函数符号，表示某个单元与该单元的设备和人员之间的一个映射；Dig 为常量符号。

用谓词演算表示知识的主要优点是：

（1）精确。逻辑是一种精确的、标准的表示方法，没有含糊性。

（2）模块化。与产生式规则相似，语句可以任意增添、删除和修改，不会对其他语句有影响。

用谓词演算表示知识的主要缺点是随着知识库中事实（知识）的增加，推理所需的事实组合的工作量按指数增加。

5.1.3.4 基于面向对象的知识表示

随着面向对象技术（Object-Oriented Technology，简称 OOT）的发展，它的一系列优点：如表达自然，支持数据抽象、代码重用以及采用它所开发的程序具有良好的界面和结构，易于维护和易于扩充等越来越为人们所认识，已经被广泛用于各个领域，面向对象的知识表示方法也被应用于人工智能和专家系统领域。如 CLIPS、雄风系列等开发工具已经提供了面向对象的知识表示方法。

一般地，用面向对象的类或对象表示知识的方法，都可以称为面向对象知识表示（Object-Oriented Knowledge Representation，简称 OOKR）。OOKR 借助面向对象（Object-Oriented，简称 OO）的抽象性、封装性、继承性和多态性，以抽象数据类型为基础，能方便地描述复杂的知识对象的静态特征和动态行为。从本质上讲，面向对象知识表示是将多种单一的知识表达方法（规则、框架和过程等）按照面向对象的设计原则组成一种混合的知识表达形式。用面向对象知识表示既能实现符号推理，又能进行数值计算。

对象＝问题描述框架＋知识＋知识的处理方法

在面向对象技术中，对象可以用｛对象标识，类名，超类，属性集，方法集｝

的五元组形式化表示，具有相同属性和方法的一组对象的抽象称为对象类。在面向对象知识表示中，知识由对象构成，具有相同属性和方法的知识对象的抽象称为一个知识类，知识对象是知识类的实例，具有这个知识类所描述的属性和方法特性。知识对象将知识和处理这些知识的方法封装在一起，一个对象可以描述和求解一个独立的子问题。

在面向对象的知识系统中，一个对象具有的知识组成了该对象的静态属性，一个对象所具有的知识处理方法和各种操作描述了该对象的智能行为。一组相似对象的抽象得到类的概念，具体地说，在一组相似的对象中会有一些相同的特征（包含相同的数据和操作），为了避免相同数据和操作的重复描述及存储，就把共同的部分抽取出来构成一个类。类描述了该类对象的共性。一个对象的完整概念是由它所属的类以及该类的一个实例组成。对象的创造便是通过类的实例化完成的。

面向对象知识表示法的基本特征：

（1）封装性。对象就是被封装的数据和操作。一个对象拥有的方法被触发实施时，通常需要引用自己的内部状态对有关数据进行操作，必要时可以修改自己的内部状态。每个对象的私有内部数据不允许其他对象直接引用和修改，其通过公有类型成员接口与外界发生联系。

（2）模块性。把对象的外部定义和对象的内部实现分开是面向对象表示的一大特色，这种对象的封装性就是模块性。公开模块的外部定义和隐蔽模块的内部实现，使面向对象软件系统便于维护和修改。面向对象的模块性好，特别适合于大型复杂知识系统的开发。

（3）继承性。面向对象表示的继承性使子类可继承其父类的数据和操作，从而可以把每个子类拥有的数据和操作分为两部分，一部分是从父类继承过来的共享数据和操作，另一部分是子类自己私有的数据和操作。继承性不仅使面向对象表示具有清晰的层次结构，而且对实现数据共享、数据一致性和减少冗余都十分有利。

（4）易维护性。对象实现了封装和继承，这就使程序设计中的错误具有局部性，不会传播错误，便于检测和修改程序。面向对象的知识表示既能表示事物的结构以及事物之间联系的静态知识，又能表示对事物进行处理的动态知识，还能表示各种客观规律和对事物操作的处理规则。面向对象表示的程序设计方法以信息隐蔽和抽象数据类型概念为基础，既提供了从一般到特殊的演绎手段（如继承），又提供了从特殊到一般的归纳形式（如类），因此已经成为基于知识的人工智能软件的主要开发方法，在软件设计和知识表示中得到了广泛的应用。

5.2 风险预警知识库的建立

金属非金属矿山风险预警知识库是风险预警系统中的一个基础环节，是对风险进行预警和实施应急措施的主要依据。风险预警知识库是在安全专家组的主导下，利用从定性到定量综合集成方法完成的一种风险预警知识的集成。本节介绍基于数据挖掘技术的风险预警知识库在金属非金属矿山风险预警平台中的应用。

5.2.1　金属非金属矿山风险预警知识的分类

对金属非金属矿山安全生产状态进行分析和预警是一项综合性的工作，为此必须对矿山安全生产的各个环节，如采掘、掘进、提升、运输、供排水、供电、通风等系统进行全面的监测监控，从而达到预警的目的。为此，按照金属非金属矿山安全生产的各个环节以及安全事故类型，将预警知识分为以下 9 大类：（1）采掘系统知识；（2）通风系统知识；（3）运输和提升系统知识；（4）电气设备知识；（5）有害气体突出及防治知识；（6）矿井火灾及防治知识；（7）矿井水灾及防治知识；（8）爆炸材料和井下爆破知识；（9）矿井救护知识。以上所述的九大类知识涉及专业技术类知识、专家经验类知识和安全法规知识，从人工智能的角度分析，按其作用可大致分为事实性知识、启发性知识、过程性知识 3 类。

5.2.1.1　事实性知识

事实性知识表示对象及概念的特征及其相互关系，以及问题求解状况，例如采掘、掘进、提升、运输、供排水、供电、通风等各个生产环节的当前状况，以及各种矿山安全事故发生的原因。事实性知识用一阶谓词逻辑表示法来表达，其一般形式为 P（X1，X2，…，Xn）。其中，X1，X2，…，Xn 为个体常量，表示某个独立存在的事物或者某个抽象的概念；P 是谓词名，用于表示个体的性质、状态或个体之间的关系。例如，要表示由于煤层中积聚了大量的高压游离瓦斯而引起 D11051 掘进工作面瓦斯喷出，用谓词逻辑表示法可表示为：GAS-ISSUE（D11051，High Free Gas），谓词 GAS-ISSUE 表示瓦斯喷出，D11051 表示 11051 掘进工作面，High Free Gas 表示大量的高压游离瓦斯。

5.2.1.2　启发性知识

启发性知识表示与矿山安全生产领域有关的问题求解知识，如推理规则等。启发性知识用产生式规则表示法表达，其形式为：

IF〈条件〉，THEN〈结论〉，CF〈可信度〉（见图 5-3）。条件由 {〈变量 1〉= 〈值 1〉AND | OR〈变量 2〉=〈值 2〉…AND | OR〈变量 n〉=〈值 n〉} 组成；CF 为各规则结论部分所附加的可信度，称为规则强度，取值在 ［0，1］ 之间。例如，要表示通风系统中某一条规则可以用产生式规则表示为：

```
RULE VENTILATION05
   IF   工作面气温在 26℃以下          AND
        低瓦斯矿井                     AND
        工作面上隅角瓦斯不超限          AND
        煤尘小
   THEN   选择 U 型上行通风方式
   CF     0.95
```

图 5-3　启发性知识产生规则表示法

这条规则的含义是：若采煤工作面气温在 26℃以下，矿井为低瓦斯矿井，且工作面上隅角瓦斯不超限，煤尘小，那么应该选择 U 型上行通风方式对矿井进行通风。规则名为 VENTILATION05，规则可信度为 0.95。

5.2.1.3　过程性知识

过程性知识表示在推理诊断过程中调用的自定义函数以及问题求解的控制策略等。

5.2.2　金属非金属矿山风险预警知识的获取

由于矿山安全生产的复杂性，必须采用不同的方法对各个生产环节进行分析和预警。根据这一特点在建立矿山安全预警专家系统时，采用了会谈式知识获取方式。第一步，按照目前金属非金属矿山安全事故防治的实际步骤，将知识分为与之对应的多个子部分，即将知识体系化；第二步，查阅有关金属非金属矿山安全事故防治知识的书籍、规范、论文、报告等，将每一个子部分知识具体化，同时粗略地给出每一个推理过程的推理依据及评判标准，并整理成草案；第三步，将草案提交专家审阅，并通过与专家交谈、邀请专家一起讨论等办法对已初步确定的推理依据和评判标准进行修改、补充，最终确定知识库的内容。在第二步和第三步中穿插地使用草案分析、归纳等方式来获取有关子部分的知识。本系统知识获取的过程如图 5-4 所示。

5.2.3　金属非金属矿山风险预警知识的表示

根据对金属非金属矿山安全生产状态分析和预警的特点，在知识库设计的过程中本系统的过程性知识通过程序的算法来实现；事实性知识用一阶谓词逻辑法表示；启发性知识用产生式规则法表示。但传统的专家系统知识表示方法都存在各自的局限性。一阶谓词逻辑是一种形式语言系统，它用逻辑方法研究推理的规律，即条件与结论之间蕴含的关系，有自然性、精确性、严密性、易实现等优点。但也存在不能表示不确定性的知识、效率低、有可能出现组合爆

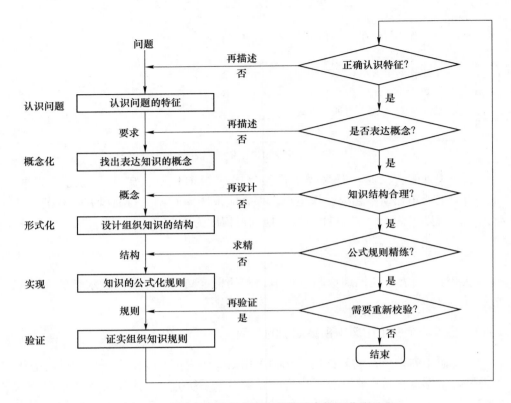

图 5-4　金属非金属矿山风险预警平台知识获取过程

炸等局限性。产生式规则表示法格式固定，形式单一，规则间相互较为独立，没有直接关系，所以知识库建立较为容易，在处理较为简单的问题是首选方式。但是对于大规模的客观对象以及相互间关系复杂的知识网络，产生式表示方法难于清晰地表达出对象的属性和知识间的关系，它存在以下缺点：（1）规则间的相互关系不明显，从而知识库的整体形象难以把握；（2）处理的效率较低；（3）推理缺乏灵活性。针对传统知识表示方法的局限性，本节引入面向对象的知识表示法。

　　面向对象的知识表示法（Object-Oriented Knowledge Representation，简称OOKR）即用面向对象的类或对象表示知识的方法。面向对象的知识表示借助面向对象的抽象性、封装性、继承性和多态性，以抽象数据类型为基础，能方便地描述复杂知识对象的静态特征和动态行为。面向对象知识表示方法的主要工作是识别对象和类及其设计，其基本思路是：根据问题领域，首先识别、确定问题领域中的对象，然后把具有相似属性和操作的对象归并为一类，形成底层类。在纵向方面自底向上逐步抽象，把具有公共属性的底层类抽取共性形成父类，直至无共性抽取为止；在横向方面，识别对象间的联系以及类之间的关联，最后形成对象模型。一般对象类的定义方式可用图 5-5 表示。

〈类名〉［父类名］
［〈实例变量表〉］
〈属性表〉
〈操作方法的定义〉
［限制条件］
〈类定义结束符〉

图 5-5　面向对象的知识表示法

在产生式系统中，知识主要是指事实和规则，面向对象的知识则以类、实例、消息来组织和表示的。为了集成产生式系统和面向对象的知识表示，对系统中描述产生式系统的知识，即事实与规则采用面向对象方法以类、实例进行表达、组织和管理。

面向对象知识表示的设计主要包括了以下几个方面：

（1）定义。类定义包括类名、类的属性描述、类的操作描述、类的继承关系等内容。

（2）对象创建及初始化。类本身不是对象，而只是对象的模板，因此要提供对象实例的创建方法。

（3）消息传递与操作调用。对象之间采用消息进行通信，收到消息的对象根据消息的内容执行相应的操作。

（4）继承。对象之间采用继承以实现代码的复用，逐步构造大型系统。

传统的程序语言仅把呆板的、被动的数据或数据结构作为解空间的对象，使程序设计者只有借助极其复杂的算法或过程才能操作解空间对象而得到问题的解。显然，这种面向过程的方法与人类认识客观世界的思维方法存在着很大的区别，而面向对象的设计方法则较好地解决了这个问题。

（1）由于知识对象本质上相互独立，以独立类测试为主，封装性使类之间的测试最小化，给知识库的开发者和维护人员带来了极大便利，缩短了知识库的开发时间。因此，从知识表示的角度来说，它应用在该系统中有如下优点：

1）模拟人类思维，消除了问题领域概念与计算机概念之间的语义间隙。

2）容易吸取多种表示方法的优点，将多种单一的知识表示方式，如规则、框架等，统一按照面向对象的原则组成一种混合的知识表达形式。

3）面向对象的知识表示使得建造专家系统过程中知识获取、知识表示、知识运用三者在概念上、形式上统一起来。

（2）从面向对象技术的基本特征来看，它应用在专家系统中的将会有如下优点：

1）通过封装将对象的外部行为和内部数据结构区分开来，对象的行为由其内部的结构和过程决定，操作的"安全性"有了保障。

2）成熟的面向对象实现技术提供了完善的消息机制，统一、规范了对象之间的通信形式，推理机制不再像传统的产生式规则系统集中体现在推理机上，而是趋于分布在各个知识对象上。

（3）从系统开发的角度来说，它应用在专家系统中有如下优点：

1）面向对象思想将程序分析设计、编程统一起来，中间无须任何转换。

2）面向对象建模技术在理论和工具上都已发展较为完善，应用于专家系统的建造，可以使系统的开发快速、有效，利于维护升级。

由以上分析可知，面向对象的知识表示是一种理想的知识表示形式，它以抽象数据类型为基础，能方便地描述复杂对象的静态特性、动态行为以及相互作用，兼有上述一般知识表示方法的优点。本小节所设计的金属非金属矿山安全预警专家系统的知识表示方法是采用面向对象的方法把产生式规则、谓词逻辑表示方法封装在一个对象里的一种表示方法。由于金属非金属矿山安全知识和经验的种类复杂、繁多，单一的知识表示方法不能够很好实现知识的表达，所以必须采用面向对象的知识表示方法。这种表示方法综合了产生式规则、谓词逻辑和面向对象知识表示方法的优点，比较方便地实现金属非金属矿山安全知识的表示。

关于面向对象的知识表示模型，由于金属非金属矿山安全领域知识的特点（在设计过程中的知识主要以谓词逻辑和产生式规则的方式来表达），以及实际设计方案，本节提出结合规则的面向对象知识表示模型，即结合 Python 给出知识表示的一个可操作定义。

（1）面向对象的产生式规则表示。产生式规则是传统专家系统中使用最多的知识表示方法，是一种蕴涵表达式，其形式如下：

IF 前提 1 AND 前提 2 AND … AND 前提 n THEN　结论 1，结论 2，…，结论 m

用面向对象方法表示产生式规则时，规则的结构如图 5-6 所示。结构中的 Rule 是规则名；Pre 和 Con 分别是本条规则中的前提链和结论链；Next 为指向下一条规则的指针。在建立规则结构之前，将所有规则以及它们的前提和结论进行统一编号，这样域 Rule、前提链和结论链中的各节点只存放相应的编号即可。

实现时，把规则的前提、结论以及相关的建议和规则的推理（即规则的结构以及关于规则的操作）等定义成规则类，把规则定义成规则类的对象，由规则类生成的所有规则对象组成规则库，对规则库的操作由规则类的操作方法提供。规则库的结构如图 5-7 所示。

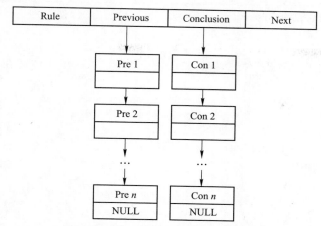

图 5-6   面向对象的产生式规则表示法

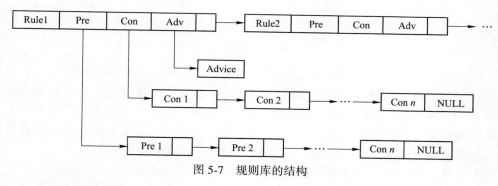

图 5-7   规则库的结构

上述规则结构可用 Python 语言定义, 见图 5-8 所示。

```
class rulelist (object):        //链表类
    def _ init_ (self, pre, con, next):
            self.pre = pre           //前提
            self.con = con           //结论
            self.next = next         //规则链表后继指针


class Rule (object):            //规则类
    def_ init_ (self, rule, pre, con, adv, next):
            self.rule = rule         //规则名
            self.pre = pre           //前提链
            self.con = con           //结论链
            self.adv = adv           //建议
            self.next = next         //规则链表后继指针
            self.cf = cf             //可信度因子
```

```
def GetRule (obj):
    //获取规则名
def TempPre (obj):
    //调用临时前提条件
def TempCon ()
    //写入临时结论
def CoRule ();
    //并列规则
def RThreshold ();
    //规则阈值
def RGroup ();
    //条件组别
def GThreshold ();
    //组内阈值
def Advise ();
    //调用建议
```

图 5-8   Python 定义规则结构

其中，链表类中的 pre 和 con 是前提和结论的编号，规则类 rule 中的 pre 和 con 是前提链和结论链。规则由规则类的构造函数建立，规则结点的存储单元由析构函数释放。一条规则是一个知识实体。TempPre（）是从动态数据库中调入临时前提进行条件匹配；TempCon（）是将临时结论写入动态数据库的临时结论表。规则是规则链中的一个结点，一条规则链组成一个规则库。

另外，由于每个方法的组成一般由一个或多个程度相同的条件组成，对于这种情况本节用并列规则来描述。设计的推理原则为：该方法下的所有不同的并列规则均成立时该方法成立；划分了并列规则后，每个并列规则下的组成方式有很多种。为了能适用各种情况本节设计了条件组别（condition group）、规则阈值（rule threshold）、组内阈值（group threshold）。条件组别是将不同的条件进行分组，记录不同的组别号；规则阈值用来描述并列规则成立所需的最少组别数；组内阈值用来描述一个组成立的最少条件数。当输入的符合某一组要求的条件数大于或等于该组的组内阈值时，该组成立；当某并列规则下成立的组别总数大于或等于规则阈值时，该并列规则成立。

（2）面向对象的事实表示。用面向对象方法表示事实时，事实库的结构如图 5-9 所示。

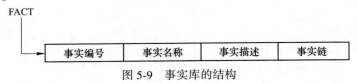

图 5-9   事实库的结构

事实类定义，见图 5-10 所示。

```
class fact (object):          //链表类
    def _ init_ (self, num, con, next):
          self.num = pre    //事实编号
          self.name = con    //事实名称
          self.next = next    //事实链
    def getFact (num):
          //获取事实
    def putFact ():
          //添加事实
```

图 5-10　事实类的定义

事实库也是一个链表，一个事实是链表中的一个结点，事实号是事实库的唯一关键字，规则库中的规则通过事实号与事实库发生联系，如图 5-11 所示。

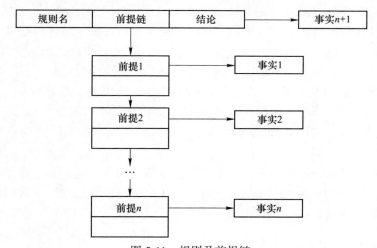

图 5-11　规则及前提链

事实链的结点只有两个数据域，一个是事实编号，另一个是指向下一个结点的指针，事实链类说明，见图 5-12 所示。

```
class factlist (object):          //事实链类
    def _ init_ (self, num, con, next):
          self.num = pre    //事实编号
          self.name = con    //事实名称
          self.next = next  //事实链


    def getNum ():
```

```
            //获取事实编号
            return number
    def list (num)
           {number=num;
            next=null;
            }
```

图 5-12　事实链类说明

5.2.4　金属非金属矿山风险预警知识库的建立

5.2.4.1　知识库总体结构

采用面向对象的程序设计（OOP）方法来建立金属非金属矿山风险预警知识库，知识库的结构有如下特点：

（1）层次结构。规划分解技术将复杂的工程设计过程分解成为较简单的子问题求解过程和子问题之间的协调，利用面向对象的方法学总体将这些子问题抽象为知识对象，就形成了一个层次结构。结构中每一个结点代表一个知识对象，把它称为一个知识结点，子结点可继承父结点的部分特征。

（2）模块化结构。此模型是一个模块化的结构模型，这种模块化表现为：整个知识库是一个开放式架构，可以在知识库的任意位置以结点方式加入新的知识项，知识库将它与原有知识同等对待；知识的查找和知识间的信息交互十分方便。

金属非金属矿山风险预警知识库由事实库和规则库组成。事实库主要存储事实性知识，如当前安全生产状况以及对生产状况进行推断的结论。规则库主要由安全生产环节评判规则组成。

5.2.4.2　知识库的建立

金属非金属矿山风险预警知识库采用 MySQL 来建立。MySQL 是一种通用的、功能极强的关系数据库语言。基于关系数据库的知识库建立主要是采用一系列二维表来存储知识。在事实库中，建立事实表来存储事实性知识；在规则库中，用规则表、前提列表、结论列表和建议表来存储启发性知识；动态数据库由前提临时列表、结论临时列表和评判信息表来存储推理的中间结果和评判信息数据。

A　规则库的建立

规则库中的前提列表用于存储规则和知识的前提部分，由 3 个字段组成（prenumber，premise，matchSign），设置前提号 prenumber 作为前提列表的主键。前提列表的结构见表 5-2。

表 5-2 前提表

字段名称	数据类型	备 注
preNumber	int	前提编号，主键
premise	char	前提的自然语言描述
matchSign	boolean	匹配标志，true 表示匹配成功，false 表示未匹配成功

结论表用于存储规则和知识的结论部分，由 3 个字段组成（conNumber, conclusion confidence），设置结论号 conNumber 作为结论列表的主键。结论列表的结构见表 5-3。

表 5-3 结论表

字段名称	数据类型	备 注
conNumber	int	结论编号，主键
conclusion	char	结论的自然语言描述
confidence	double	可信度，表示规则强度，在 [0, 1] 之间

建议表用来存储相关的建议部分，由 2 个字段组成（advNumber, advice），设置议号 advNumber 作为建议表的主键。建议表的结构见表 5-4。

表 5-4 建议表

字段名称	数据类型	备 注
advNumber	int	建议编号，主键
advice	char	建议的自然语言描述

规则表用于存储规则的基本信息，由 9 个字段组成（ruleNumber, rule, prenumber, conNumber, factNumber, advNumber, RuleRank），设置规则号 ruleNumber 作为规则表的主键。规则表的结构见表 5-5。

表 5-5 规则表

字段名称	数据类型	备 注
ruleNumber	int	规则编号，主键
rule	char	建议的自然语言描述
preNumber	int	前提标号，外键
conNumber	int	结论编号，外键
factNumber	int	事实编号，外键
advNumber	int	建议编号，外键
RuleRank	double	规则级别，在 [0, 10] 之间

B　事实库的建立

事实表用来存储事实性知识，如当前金属非金属矿山安全生产状况以及对生产状况进行推断的结论。事实表由 2 个字段组成（factNumber，factName），设置事实号 factNumber 作为事实表的主键。事实表的结构见表 5-6。

表 5-6　事实表

字段名称	数据类型	备　注
factNumber	int	事实编号，主键
factName	char	事实的自然语言描述

将一条产生式规则拆分为规则元素，按上述各表将规则元素表示出来，再利用表中主键和外键的关系将规则元素重新连接成原产生式规则的结构。这样，一条产生式规则就用记录形式表示出来。知识库中各数据表之间通过主键、外键约束所建立的关系如图 5-13 所示。

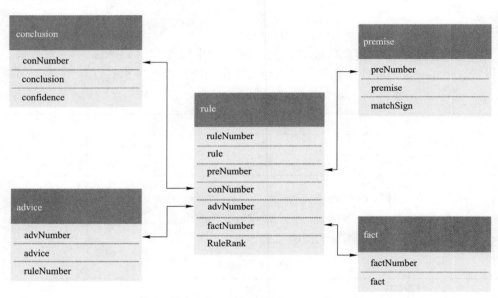

图 5-13　知识库各数据表间约束关系

6 基于改进 FAHP 径向基函数神经网络风险预测

6.1 模糊综合评价

6.1.1 概述

6.1.1.1 模糊现象

模糊相对于清晰。现实生活中有许多现象是清晰的，但是因为人这一因素的存在，使得更多的现象是模糊的。例如，学生考试得到了 59 分，"该学生不及格"这是清晰的，但是，对于"该学生成绩很差"，则不那么清晰了，59 分并不完全代表成绩很差，只能部分体现；如果是 61 分，"该学生及格"这是明确的，但是能否说"该学生成绩很好"呢？同样也是不能的，"很好""很差"这两个条件并不清晰，而是具有一定的模糊性的，这样一种存在不确定的关系就是模糊。目前模糊数学是一个热门领域，模糊数学的兴起是受到人工智能大热的影响，模糊数学在人工智能上的应用尤为重要。

6.1.1.2 模糊集合与隶属函数

模糊集合，顾名思义，相对于明确集，即普通集合，是明确集合的拓展。在明确集合中，所谓的某个元素属于某个集合，不是 1 就是 0，非此即彼，这是清晰的。而相对于模糊集合，元素 a 则并不只有属于和不属于，也有部分属于和部分不属于，这里的部分只代表一个程度。也就是说，模糊集合包含了明确集合的所有元素。明确集合中，通常使用 $A = \{a_1, a_2, \cdots, a_n\}$ 来表示，但是对于模糊集合，因为每个元素归属性的不一致，因此通常会引进隶属度来表示某个元素隶属该集合的程度，而对于所有元素，则用隶属函数 $\mu_A(\ )$ 来表示，就是说函数值 $\mu_A(a_n)$ 代表元素 a_n 隶属于集合 A 的隶属度。则，使用式（6-1）表示方法来表示模糊集合：

$$A = \{(a_1, \mu_A(a_1)), (a_2, \mu_A(a_2)), \cdots, (a_n, \mu_A(a_n))\} \tag{6-1}$$

这是序偶法，还有 Zadeh 记法，见式（6-2）：

$$A = \frac{\mu_A(a_1)}{a_1} + \frac{\mu_A(a_2)}{a_2} + \cdots + \frac{\mu_A(a_n)}{a_n} \qquad (6\text{-}2)$$

6.1.2　模糊综合评价原理

根据模糊数学理论及模糊统计方法，综合地分析对评价对象产生影响的每一个因素，最终得到合理的评价结果，这样的评价方法就称之为模糊综合评价法。在模糊评价时，需要采用模糊变换理论及最大隶属度原则，对各影响因素进行综合全面的考虑。该方法在各个不同的领域都得到了非常广泛的应用，是一种全面可行的预测方法。

模糊综合评价的一般步骤为：

（1）建立因素集。影响评价对象的各因素组成了因素集 U，其表达见式（6-3）：

$$U = \{u_1, u_2, \cdots, u_i\} \qquad (6\text{-}3)$$

式中，u_i 是若干影响因素。

（2）建立权重集。一般情况下，因素集 U 中各个元素在评价过程中对评价对象的影响程度各不相同。所以，就要按照每一个元素 u_i 对评判对象的影响程度来确定其权数 a_i。因素的权重集 A 是 U 上的模糊子集，是由各个因素的权数 a_i 组成的向量，其表达式见式（6-4）：

$$A = \{a_1, a_2, \cdots, a_n\} \qquad (6\text{-}4)$$

式中，$\sum\limits_{i}^{n} a_i = 1$，$0 \leqslant a_i \leqslant 1$。

（3）建立评价集。依据对评价对象进行研究的目的，所有可能出现的评价结果组成的集合就是评价集，一般表达见式（6-5）：

$$V = \{v_1, v_2, \cdots, v_m\} \qquad (6\text{-}5)$$

式中，$v_j(j = 1, 2, \cdots, m)$ 指的是评价对象所有可能出现的评价结果。模糊综合评价的优势在于就是可以通过在评价过程中对各种错综复杂的影响因素进行综合全面的研究，最终得到的评价结果是评价集 V 中最优评价结果。

（4）单因素模糊评价。单因素模糊评价就是只考虑评价因素集中的一个影响因素，且不受其他因素的影响，来确定这个因素在评价集中相应各评语的隶属度。

把因素集中的第 i 个因素 u_i 进行评价，评价集中的第 j 个元素 v_i 的隶属程度记为 r_{ij}。那么单因素模糊评价结果见式（6-6）：

$$R = \{r_{i1}, r_{i2}, \cdots, r_{im}\} \qquad (6\text{-}6)$$

式中，R 是单因素评价集。

（5）模糊综合评价。由此，得到的评判矩阵 $\boldsymbol{R}$ 见式（6-7）：

$$R = \begin{bmatrix} R_1 \\ R_2 \\ \vdots \\ R_n \end{bmatrix} = \begin{bmatrix} r_{11} & r_{12} & \cdots & r_{1m} \\ r_{21} & r_{22} & \cdots & r_{2m} \\ \vdots & \vdots & \ddots & \vdots \\ r_{n1} & r_{n2} & \cdots & r_{nm} \end{bmatrix} \tag{6-7}$$

设因素的权重集为 A ，则选取一定的模糊合成关系，就可以得到模糊综合评价集 B ，见式（6-8）：

$$B = A \circ R = (a_1, a_2, \cdots, a_n) \circ \begin{bmatrix} r_{11} & r_{12} & \cdots & r_{1m} \\ r_{21} & r_{22} & \cdots & r_{2m} \\ \vdots & \vdots & \ddots & \vdots \\ r_{n1} & r_{n2} & \cdots & r_{nm} \end{bmatrix} = (b_1, b_2, \cdots, b_m)$$

$$\tag{6-8}$$

式中，b_j 就是最终的模糊综合评价指标。b_j 代表的是在评价对象过程中综合考虑各影响因素后，该评价对象隶属于评价集 V 中第 j 个元素的程度。"$\circ$" 为模糊算子，模糊数学给出了多种模糊运算方法，目前常见的 4 种：

1）取大-取小算子 $M(\wedge, \vee)$：$b_j = \overset{m}{\underset{i=1}{\vee}} (a_i \wedge r_{ij})$

2）乘法-取大算子 $M(\cdot, \vee)$：$b_j = \overset{m}{\underset{i=1}{\vee}} (a_i \cdot r_{ij})$

3）乘法-有界和算子 $M(\cdot, \oplus)$：$b_j = \overset{m}{\underset{i=1}{\oplus}} (a_i \cdot r_{ij})$

4）取小-有界和算子 $M(\wedge, \oplus)$：$b_j = \overset{m}{\underset{i=1}{\oplus}} (a_i \wedge r_{ij})$

实际上，$M(\cdot, \vee)$ 是 $M(\wedge, \vee)$ 和 $M(\wedge, \oplus)$ 两种模糊算子的组合，但是在这过程中，它既没有进行取小运算，也没有进行取大运算。因此在通过该模糊运算确定各指标所对应的评价集中的每个评价等级的隶属度的过程中，能够综合全面地思考到所有的评价指标对评价对象整体的影响，而不仅仅是考虑对评价对象影响最大的评价指标的影响，在信息的利用上有一定优势。本小节采用第四种乘法——有界和算子 $M(\cdot, \oplus)$，4 种模糊算子的比较见表 6-1。

表 6-1　4 种模糊算子的比较

模型	算子	计算公式	体现权数	综合程度	特点模糊矩阵利用率	类型
$M(\wedge, \vee)$	$\wedge$，$\vee$	$b_j = \overset{m}{\underset{i=1}{\vee}} (a_i \wedge r_{ij})$	不明显	弱	不充分	主因素决定型
$M(\cdot, \vee)$	$\cdot$，$\vee$	$b_j = \overset{m}{\underset{i=1}{\vee}} (a_i \cdot r_{ij})$	明显	弱	不充分	主因素突出型
$M(\cdot, \oplus)$	$\cdot$，$\oplus$	$b_j = \overset{m}{\underset{i=1}{\oplus}} (a_i \cdot r_{ij})$	明显	强	充分	加权平均型
$M(\wedge, \oplus)$	$\wedge$，$\oplus$	$b_j = \overset{m}{\underset{i=1}{\oplus}} (a_i \wedge r_{ij})$	不明显	强	比较充分	加权平均

（6）评价指标的处理。求出模糊综合评价集 B 后，再根据最大隶属度原则将其中最大的评价值 $\max(b_j)$ 所对应的评语取为最终的评价结果。

6.1.3 多级模糊综合评价

6.1.3.1 应用范围

若因素集 U 具有下面几个特点，通常会运用多级模糊综合评价：

（1）如果 U 中有很多因素，各因素之间的关系相对比较复杂，权重不太好确定，可以先按照因素性质的不同把因素集中的所有因素进行分类，然后将不同类别的因素分别进行综合评价。如果每类因素中的因素可以再次按照某一准则进行分类，那么这一评价过程就能够进一步进行下去。

（2）如果 U 中的因素具有明显的层次性，即因素集中的某些因素是由其他几个子因素决定，这些子因素又可能由更低级的子因素决定，如此构成层次性的因素集。因此，评价过程中应该先对各低层次的各个子元素逐一进行评价，接着利用得到的低层次评价结果再对上一层次的因素进行综合评价，直至得到最终的评价结果。

（3）如果 U 中因素本身就有一定的模糊性。根据因素各不相同的性质，把因素集中各因素分成不同等级，对该因素的不同等级进行评价分析，从而实现全部因素的综合评价。

6.1.3.2 主要步骤

多级模糊综合评价的主要步骤有以下几个方面。

（1）因素分类。将因素集 $U = \{u_1, u_2, \cdots, u_n\}$ 按某种属性分成 s 类，用式（6-9）表示：

$$U_i = \{u_{i1}, u_{i2}, \cdots, u_{in}\}, \ i = 1, 2, \cdots, s \qquad (6\text{-}9)$$

它们满足以下条件：

1）$n_1 + n_2 + \cdots + n_s = n$

2）$U_1 \cup U_2 \cup \cdots \cup U_s = U$

3）$(\forall i, j)(i \neq j \Rightarrow U_i \cap U_j = \phi)$

（2）建立权重集。

1）因素类权重集。将第 i 类因素 U_i 的权数记作 $a_i(i = 1, 2, \cdots, s)$，那么该因素类权重集表示见式（6-10）：

$$A = (a_1, a_2, \cdots, a_s) \qquad (6\text{-}10)$$

2）因素权重集。将第 i 类中的第 j 个因素 u_{ij} 的权数记作 a_{ij}，那么因素权重集表示见式（6-11）：

$$A = (a_{i1},\ a_{i2},\ \cdots,\ a_{in}) \tag{6-11}$$

（3）建立评价集。评价集表示见式（6-12）：

$$V = \{v_1,\ v_2,\ \cdots,\ v_m\} \tag{6-12}$$

（4）一级模糊综合评价。对各类因素中的各个子因素都进行综合评价后，就得到了一级模糊综合评价的单因素评价矩阵，其表达式见式（6-13）：

$$\boldsymbol{R} = \begin{bmatrix} r_{11}^{(i)} & r_{12}^{(i)} & \cdots & r_{1m}^{(i)} \\ r_{21}^{(i)} & r_{22}^{(i)} & \cdots & r_{2m}^{(i)} \\ \vdots & \vdots & \ddots & \vdots \\ r_{n1}^{(i)} & r_{n2}^{(i)} & \cdots & r_{nm}^{(i)} \end{bmatrix} \tag{6-13}$$

第 i 类因素的模糊综合评价，可按照式（6-14）计算：

$$\boldsymbol{B} = \boldsymbol{A} \circ \boldsymbol{R} = (a_{i1},\ a_{i2},\ \cdots,\ a_{in}) \circ \begin{bmatrix} r_{11}^{(i)} & r_{12}^{(i)} & \cdots & r_{1m}^{(i)} \\ r_{21}^{(i)} & r_{22}^{(i)} & \cdots & r_{2m}^{(i)} \\ \vdots & \vdots & \ddots & \vdots \\ r_{n1}^{(i)} & r_{n2}^{(i)} & \cdots & r_{nm}^{(i)} \end{bmatrix} = (b_{i1},\ b_{i2},\ \cdots,\ b_{im}) \tag{6-14}$$

（5）二级模糊综合评价。二级模糊综合评价的单因素评价矩阵，可按照式（6-15）计算：

$$\boldsymbol{R} = \begin{bmatrix} B_1 \\ B_2 \\ \vdots \\ B_s \end{bmatrix} = \begin{bmatrix} A_1 \circ R_1 \\ A_2 \circ R_2 \\ \vdots \\ A_s \circ R_s \end{bmatrix} \tag{6-15}$$

于是，二级模糊综合评价的示意图如图 6-1 所示，二级模糊评价的形式，见式（6-16）：

$$\boldsymbol{B} = \boldsymbol{A} \circ \boldsymbol{R} = \boldsymbol{A} \circ \begin{bmatrix} A_1 \circ R_1 \\ A_2 \circ R_2 \\ \vdots \\ A_s \circ R_s \end{bmatrix} = (b_1,\ b_2,\ \cdots,\ b_m) \tag{6-16}$$

如果子因素 U_i 中还包含下一级子因素，就把 U_i 再次进行分类，这样就会出现三级模糊综合评价模型，以此类推，还会得到多级模型，如图 6-2 所示。

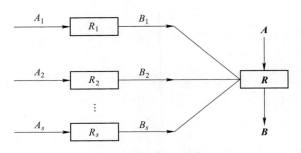

图 6-1　二级模糊综合评价示意图

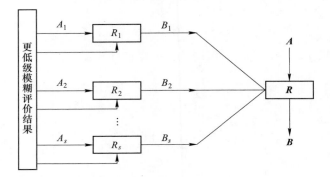

图 6-2　多级模糊综合评价示意图

6.1.4　模糊综合评价的优劣

6.1.4.1　优点

模糊综合评判法的适用性强，能满足众多评估对象。由于本身属于一种主客观评价法，所以它能同时用于包含主观和客观因素的综合评判。因此，模糊综合评判的应用范围广泛。特别是对没有明确界限划分以及包含主观评估指标的综合评判中，模糊综合评判法可以发挥模糊方法的独特作用，评价效果良好。

模糊综合评判法可以分层次进行对象评估，一方面，对于复杂的问题，有利于最大限度地描述评估对象，提供一个较为健全、科学的评估体系。另一方面，对于权数很小的指标，可以降低"泯灭"的可能性。按照分层次的方法可以将每个层次内的指标数降低，有利于确定重要程度的差异。因此，对于越是复杂的评估对象，利用分层次模糊综合评判法可以起到更明显的效果。

对于评估结果，大部分评估方法直接给出的是一个数值，但是模糊综合评判法是以向量形式呈现的，可以提供更多额外信息。而且对评估结果进一步加工还可得出一系列其他有用的参考信息。对评估结果的二次加工是模糊综合评判法相对于其他评估方法的一个特有优势。

模糊综合评判法中指标权重属于估价权重，因此可以按照评估者的不同着重点改变评价指标的权重。比如考虑效益模型时，盈利指标的权重应该调高；当考虑成本模型时，减小资源损耗的指标权重应该调高。另外，还可同时利用不同权重分配法对同一评估对象进行综合评判。

模糊综合评价能够将难以定量研究的定性模糊问题采用模糊数学这一处理工具进行定量化解决，在评价过程中用隶属函数来具体量化指标的实测值，使得评价过程中的不确定性（如因素归属类型的不确定性、专家决策认识上的模糊性）得到了较好地改善解决，评价过程中可最大限度地降低人为主观因素的干扰，对不确定问题做出更加具有科学性及客观性的量化评价。模糊综合评价的最终结果不再只是用一个具体的数值来说明，而是采用矢量的形式来表现评价的结果，这使得被评估的目标得到更准确的描述，这个矢量也可以作为参考信息被更深层次的处理。

6.1.4.2 缺点

在权重计算方面，大部分的都是选择专家评分法，并未充分利用客观数据信息，这就导致每个评价因素权重过于主观，缺乏客观说服力。

在模糊矩阵的确定过程中，评估值 r_{ij} 以一个确定值给出，与模糊区间相比，不便于评测专家充分表达其意见，同时对专家评分过程也过于苛刻，在这种情况下势必影响评判结果的准确性。

在评估过程中，如果同一层次内评估指标过多，由于指标权重满足 $\sum_{i=1}^{n} a_i = 1$，往往会导致有些权重比较小，因而在进行模糊运算的过程中常常出现"泯灭"的现象。当然在使用层次模糊法分析的算法中这种现象会得到一些改观。

由于模糊综合评判法的结果是一个向量值，为了得到一个定性的结果，常常对这个向量值进行再次加工，而常用的一个方法就是最大隶属度原则。但是，当这个结果向量中最大值与第二大值相接近或者相等时，就无法得出有效评估结果，出现最大隶属度失效现象。

针对以上传统模糊综合评判法的不足，本小节提出若干改进，期望使模糊综合评判具有更广泛的应用性和科学性。

6.2 层次分析法

6.2.1 概述

层次分析法以系统理论为依据，先把一系列元素分为目标、准则、方案等层次。然后对定性因素和定量因素分别进行分析研究，来确定权重，使问题得以解决。在 1982 年，Moothead 大学的 Nezhed 教授第一次将层次分析方法引进了中国。随后，许多学者对层次分析法作了深入的研究，取得了很大的成果，使这种方法得以广泛应用。

6.2.2 层次分析法的步骤

层次分析法的一般过程如下：

（1）确定方案评价的目标、准则及指标体系。根据待研究问题的内容、性质、目的，将目标分解成解决问题的多个组成因素单元，给定待比较的各个因素单元具体的内容。

（2）建立递阶层次结构模型。层次分析法的模型结构为递阶层次结构，一般是由目标层、准则层和指标层组成。而每一层又是由一些因素指标组成的。将各层次间的递阶结构及各因素间的相互关系以框图的形式表示出来，就称为层次结构图。首先，必须根据所研究问题或评判对象的特点，确定研究目的，这个目的就是目标层，并且目标层有且必须仅有一个元素。若准则层中有很多因素，可再把它们分成几个子层次，基于人的认知心理规律确定出的各层次因素个数不大于 9 个。指标层是为解决研究问题所确定出的具体指标。该方法的递阶层次结构如图 6-3 所示。

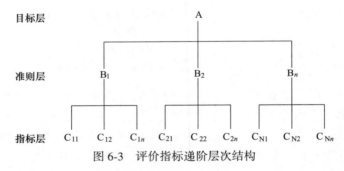

图 6-3   评价指标递阶层次结构

（3）构造判断矩阵。在准则层中，各准则对目标衡量的比重一般是不相同的。比重不容易定量化是确定某一子因素在该因素中的重要程度时经常会出现的问题。还有就是，在影响因子比较多的情况下，决策者对各因子之间的联系认识不够全面，考虑也不够周全，因而得出的数据不够准确。1~9 比例标度法是在一定的科学依据和客观事实的基础上，将思维判断数量化的一种常用方法。人们在区别不同物质过程中，总是倾向于用相同、较强、强、很强、极端强等词语将不同物质之间不同点的相对程度进行划分，并且，在相邻的两个差别程度之间还会有中间状态。根据心理学知识，可以知道 1~9 级的标度适用于绝大多数的评价判断。评价过程中，由邀请的专家依据 1~9 比例标度法，对每一层次中的评价指标分别进行两两对比，定性地描述其相对的重要性程度。然后再用准确的标度将对比的重要程度量化表示出来。数字的取值所代表意义见表 6-2，判断矩阵形式见表 6-3。

表 6-2 九值判断尺度表

标度	含 义
1	重要性相同
3	前者比后者稍微重要
5	前者比后者明显重要
7	前者比后者强烈重要
9	前者比后者极端重要
2, 4, 6, 8	上述相邻判断的中间值

注：若因素 i 和因素 j 重要性之比为 a_{ij}，那么因素 j 和因素 i 的重要性之比为 $1/a_{ij}$。

表 6-3 指标因素两两之比判断矩阵

指标	A_1	A_2	⋯	A_N
A_1	1	a_{12}	⋯	a_{1N}
A_2	a_{21}	1	⋯	a_{2N}
⋮	⋮	⋮	⋮	⋮
A_N	a_{N1}	a_{N2}	⋯	1

把填写后的判断矩阵记作 $\boldsymbol{A} = (a_{ij})_{n \times n}$，表中 $a_{ij} = \dfrac{A_i}{A_j}$，代表的是对于评价目标来说，因素 A_i 对因素 A_j 的相对重要性。判断矩阵有以下性质：

1）$a_{ij} > 0$。

2）$a_{ij} = 1$。

3）$a_{ji} = \dfrac{1}{a_{ij}}$（$i, j = 1, 2, \cdots, n$）。

（4）层次单排序。层次单排序是求同一层次相应因素对于上一层某因素相对重要性的排序权值的过程根据矩阵的求特征值公式：$AW = \lambda W$ 计算判断矩阵，$\lambda_{\max}$ 是最大特征值，然后求出 $\lambda_{\max}$ 对应的特征向量 $\boldsymbol{W}^*$，再将 $\boldsymbol{W}^*$ 进行归一化得到向量 $\boldsymbol{W}$，则 $\boldsymbol{W} = [w_1, w_2, \cdots, w_m]^{\mathrm{T}}$ 就是各个目标的权重。在求解 λ 的过程中需要求解 m 次方程，若 $m \geqslant 3$，计算将非常烦琐，这时可以借助 MATLAB 等软件来求解。

（5）一致性检验。一般情况下判断矩阵并不是唯一的，如果其不一致的程度可以控制在容许的范围内，那么比较因素的权向量可以用该矩阵相应的特征根的特征向量表示。客观事物或者系统往往是错综复杂的，开始做判断的时候也常常带着感性的色彩，判断具有一定的主观性，也不够全面。要求每次比较判断都完完全全地按照同样的思想准则是不大可能的。所以要求每一层次的指标结果都必须作一致性检验。判断矩阵一致性检验步骤：

1）计算一致性指标，见式（6-17）。

$$CI = \frac{\lambda_{\max-n}}{n-1} \tag{6-17}$$

2）查找对应的平均随机一致性指标 RI。其中 $n = 1，2，\cdots，9$，见表6-4。

表 6-4　*RI* 判断矩阵

维数	1	2	3	4	5	6	7	8	9
RI	0	0	0.58	0.96	1.12	1.24	1.32	1.41	1.45

计算一致性比例 CR，可按照式（6-18）计算：

$$CR = CI/RI \tag{6-18}$$

一般来说，若判断矩阵 A 的 $n \geqslant 3$，如果满足一致性比例 $CR < 0.1$，也就是说，$\lambda_{\max}$ 偏离 n 的相对误差 CI 不超过相应的 RI 的十分之一时，就说 A 是满足一致性要求的。如果 $CR > 0.1$，说明 A 偏离一致性的程度过大，相应的判断矩阵就需要修正，直到符合一致性检验要求。

（6）层次总排序及一致性检验。层次单排序得到一组元素对其上一层中某元素的权重向量。层次分析法最终是要得到每一个元素对于目标层的排序权重。将单准则下的权重从上到下依次合成就是总排序权重。尽管各层已满足层次单排序的一致性检验，但是，各层次单排序中的非一致性很有可能在层次总排序的过程中累积起来，从而导致最终的结果严重偏离一致性要求。所以层次总排序也需要有一致性检验，与层次单排序类似，从高层到低层依次检验。将 B 层中与验单排序中进行一致性检验对应因素的判断矩阵在 A_j，得到单排序一致性指标记作 $CI(j)(j = 1，2，\cdots，m)$，平均随机一致性指标记作 $RI(j)$，那么 B 层的总排序随机一致比例见式（6-19）：

$$CR = \frac{\sum\limits_{j=1}^{m} CI(j) a_j}{\sum\limits_{j=1}^{m} RI(j) a_j} \tag{6-19}$$

当 $CR < 0.1$ 时，就可以说层次总排序结果满足一致性要求，那么就将其作为可以接受的分析结果。当不满足一致性检验时，就要调整或者重新计算权重，直到符合一致性检验为止。层次分析法流程图如图6-4所示。

6.2.3　层次分析法的优劣

6.2.3.1　优点

层次分析法的优点有：

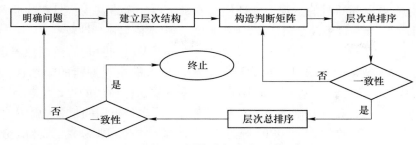

图 6-4 层次分析法流程图

（1）系统性。层次分析法能够将多因素多准则的不确定性的研究问题分解为多个层次进行研究，将划分出来的各个层次及其下层的各个指标对研究目标产生的影响进行数学方法量化，使原本的模糊问题转化成为清晰问题来进行解决。

（2）简洁实用性。层次分析法解决问题运用的数学方法较简单、不高深，易于掌握理解并合理运用，同时将难于量化分析的多指标问题转化能够简单定量处理的问题，且最终得到的分析评价结果也更简洁明了，对于决策者来说更易于掌握。

6.2.3.2 不足之处

层次分析法的不足之处有：

（1）定性分析说服力不够。虽然在是将定性问题转化为定量方式来进行解决，但是在最初的确定各指标标度时还是采用了定性分析的方法，也即在模拟人脑思维分析问题时出现了定性分析的部分。但凡只要存在定性分析的部分，该种方法就失去了强有力的说服力。

（2）选取指标过多时较复杂。层次划分过多及分析选取的指标过多就导致了在分析过程中创建的判断矩阵过于庞大复杂，工作量显著增大，且指标过多导致各指标权重分配产生困难，判断矩阵很难通过一致性检验。

（3）判断矩阵经检验一致性不能够满足要求时，通过检验调整来使其达到一致性的过程极其烦琐。

（4）判断矩阵是否一致的传统检验标准，即 $CR < 0.1$ 的普适性缺少充实有力地科学论证依据。

6.3 模糊层次分析法

6.3.1 概述

相关很多研究证实，在各种各样的人的主观认识为主导的评价分析方法中，层次分析法具有比较高的优越性，可以将很多难以定量分析的不确定性分析问题得到行之有效的判断决策。但是在传统的层次分析的计算过程中，判断矩阵的构造方法中将决策者做出判断时的主观性（即模糊不确定性）考虑甚少；且在检验判断矩阵的一致性时存在过程较复杂，且判断一致性的根本依据科学性较差。

模糊综合评价法在分析问题的过程中将决策者做出判断时的模糊性考虑更充足，故此模糊数学的方法可以更为科学的表现出人的主观判断的模糊性。20 世纪 80 年代初，荷兰学者 Van Loargoven 在 Satty 的层次分析法的理论上加入了模糊数学分析的方法，在此基础上，相关学者提出在层次分析法的过程中引入模糊判断矩阵的更合理的解决此类问题的方法。这种方法即为模糊层次分析法（FAHP），将层次分析法及模糊数学分析法两者相互结合、使得两种方法均得到扬长避短，从而大大降低了人的主观模糊性对问题决策过程的影响。

6.3.2　模糊层次分析法步骤

鉴于前述内容列出的 AHP 尚有欠缺之处，本小节在综合评价各指标权重确定时采用 FAHP 法代替 AHP 法。

FAHP 的具体计算过程步骤与传统的层次分析法的不同之处为：

（1）AHP 法通过同一因素集下的因素两两比较，以 1~9 标度法构造判断矩阵；而 FAHP 法为通过对同一因素集下的因素两两比较采用 0.1~0.9 标度法构造模糊一致判断矩阵。

（2）在 FAHP 法用模糊一致判断矩阵来求各元素权重，与 AHP 法中用判断矩阵求各元素权重过程步骤是不一样的。

下面具体介绍如何构造模糊一致判断矩阵，并用其求取各因素权重的方法。

6.3.2.1　基础定义及定理

定义 1：设矩阵 $R = (r_{ij})_{n \times n}$，若有 $0 \leqslant r_{ij} \leqslant 1 (i = 1, 2, \cdots, n; j = 1, 2, \cdots, n)$，则矩阵为模糊矩阵。

定义 2：若模糊矩阵 $R = (r_{ij})_{n \times n}$ 满足式（6-20）：

$$r_{ij} + r_{ji} = 1 \quad (i = 1, 2, \cdots, n; j = 1, 2, \cdots, n) \tag{6-20}$$

则称 R 为模糊互补矩阵。

定义 3：若矩阵 $R = (r_{ij})_{n \times n}$ 具有以下性质：

（1）$r_{ii} = 0.5, i = 1, 2, \cdots, n$。

（2）$r_{ij} = 1 - r_{ji}, i, j = 1, 2, \cdots, n$。

（3）$r_{ij} = r_{ik} - r_{jk} + 0.5, i, j, k = 1, 2, \cdots, n$。

则称 R 为模糊一致矩阵。

定理 1：R 为模糊一致矩阵的充要条件：矩阵 R 中任意指定两行，其对应元素之差是一个常数。

定理 2：R 为模糊一致矩阵的充要条件：矩阵 R 中任意指定一行，与 R 中其余各行的对应元素之差是一个常数。

6.3.2.2 构造模糊判断矩阵

为了表示两因素相对于某一因素集所占的重要性，采用 0.1~0.9 标度法通过两两比较进行量值标度，见表 6-5。

表 6-5 0.1~0.9 标度法

标度	含 义
0.5	重要性相同
0.6	前者比后者稍微重要
0.7	前者比后者明显重要
0.8	前者比后者强烈重要
0.9	前者比后者极端重要
0.1~0.4	前者余后者的反比

即可得到模糊判断矩阵 A ，见式（6-21）

$$A = \begin{bmatrix} a_{11} & a_{12} & \cdots & a_{1n} \\ a_{21} & a_{22} & \cdots & a_{2n} \\ & \vdots & \ddots & \\ a_{n1} & a_{n2} & \cdots & a_{nn} \end{bmatrix} \tag{6-21}$$

矩阵 R 满足定义 1 及定义 2，因此矩阵 A 为模糊互补判断矩阵。

6.3.2.3 求出权重向量

定理 3：设模糊互补判断矩阵 $A = (a_{ij})_{n \times n}$ ，对其按行求和，见式（6-22）：

$$r_i = \sum_{k=1}^{n} a_{ik} \quad (i, k = 1, 2, \cdots, n) \tag{6-22}$$

对其做数学变换，见式（6-23）：

$$r_{ij} = \frac{r_i - r_j}{2(n-1)} + 0.5 \tag{6-23}$$

即把最初构造得到的模糊判断矩阵 $A = (a_{ij})_{n \times n}$ 变换得到模糊一致性矩阵 $R = (r_{ij})_{n \times n}$ ，从而不再需要传统层次分析法烦琐致性检验步骤，避免了传统的层次分析法判断矩阵不一致时进行调整的巨大工作量及盲目性。

对矩阵 R 按行求和，令 $R_i = \sum_{j=1}^{n} r_{ij} - 0.5$。

不再考虑自身比较因素（因素本身重要性比较结果为 0.5），使得权重有更宽泛的取值范围，更易区别。

进而求得模糊互补判断矩阵的权重向量，见式（6-24）：

$$W = [w_1, w_2, \cdots, w_m]^{\mathrm{T}} \tag{6-24}$$

式中，$W_i = \dfrac{R_i}{\displaystyle\sum_{j=1}^{n} R_j}$（$i, j = 1, 2, \cdots, n$），$W_i$ 满足式（6-25）：

$$W_i = \alpha \sum_{j=1}^{n} \alpha_{ij} + \beta \quad (i = 1, 2, \cdots, n) \tag{6-25}$$

式中，$\alpha = \dfrac{1}{(n-1)^2}$；$\beta = \dfrac{\dfrac{n^2}{2} - 2n + 1}{n(n-1)^2}$。

6.4　径向基函数神经网络相关原理

6.4.1　基本概念

POWELL 于 20 世纪 80 年代初提出了多变量插值的径向基函数（径向基函数）方法，之后，由 Broomhead 和 Lowe 首先在神经网络设计中引入径向基函数，称为径向基函数神经网络。它是一种三层前馈型神经网络，首层是输入层，由信号源结点集合而成；中间层是隐含层，其隐层单元数目是根据所描述问题的需要确定的；最后一层是输出层，它主要是对输入模式的作用做出响应。输入得到一个来源于隐含层中基函数的局部化响应，也就是说，每个隐节点都有一个中心的参数矢量，这一中心与径向基函数神经网络的输入矢量相比较将产生径向对称响应，而仅当这个输入矢量落在规定的一个极小的区域里，其隐节点才会产生有意义的非零响应（响应值在（0，1］），而隐含节点给出的基函数所输出的线性组合即为输出节点。隐节点的响应大小取决于输入距离基函数中心的远近。Radas 函数是隐含层的传递函数，而纯线性函数 purelin 为输出层的传递函数。

径向基函数神经网络具有输入、输出非线性功能的特点，其从输入层到隐含层的变换是非线性的，而从隐含层到输出层的变换是线性的。径向基函数神经网络是一种局部逼近网络，它是模拟人脑中局部调整、局部接收域而形成的神经网络结构。一般来说，只要隐含层具备足够多的神经元，径向基函数神经网络就能够实现任何精度的逼近任一单值连续函数，而且在运用有教师学习算法进行数据训练时，其训练收敛速度也具有明显的优越性。

径向基函数神经网络适用于解决多变量函数的逼近问题，如果聚类中心的选取得当，即使径向基函数神经网络的神经元个数很少，也能获得较好的逼近效果，并且具有唯一最佳逼近点的优点。径向基函数神经网络是多层前馈神经网络中较为新颖、有效的一种方法，径向基函数神经网络相较于 BP 神经网络来说，在函数逼近能力、收敛速度、模式分类等方面都具有明显的优势，因此，径向基函数神经网络被应用到很多领域，并且效果显著。

6.4.2 径向基函数神经网络结构

径向基函数神经网络的结构如图 6-5 所示。

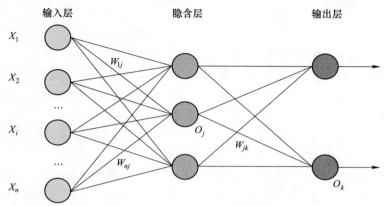

图 6-5 径向基函数神经网络结构图

径向基函数神经网络的映射关系见式（6-26）：

$$y_j = f_n(x) = \sum_{j=1}^{m} w_{jk} R_j(x) \qquad (6-26)$$

式中，$k = 1$，2，$\cdots$，p，p 为输出层节点个数；m 为隐含层节点个数；n 为输入层节点个数；w_{jk} 为隐含层第 j 个神经元与输出层第 k 个神经元之间的连接权值；$R_j(x)$ 为隐含层第 j 个神经元的作用函数（径向基函数）。

构成径向基函数的基本思想是：利用隐层单元实现从输入层到隐含层的变换。这样，矢量不通过连接权值就能够直接映射到了隐层空间。只要确定了径向基函数的聚类中心，这种非线性关系也就随之确定了。径向基函数神经网络输入层到隐含层的变换是非线性的，因此，高斯函数是在径向基函数神经网络模型里最常用的，见式（6-27）：

$$R_j(x) = e^{-\frac{\|x-c_j\|}{2\delta_j^2}} \qquad (6-27)$$

式中，$j = 1$，2，$\cdots$，m，m 为隐含层节点个数；x 为 n 维输入向量；c_j 为第 j 个基函数的中心（向量），具有同 x 一样的维数；δ_j 为中心半径，第 j 隐含层神经元节点宽度；$\|x - c_j\|$ 为向量 $x - c_j$ 的范数，通常表示 x 和 c_j 的距离；$R_j(x)$ 在 c_j 有唯一的最大值，随着 $\|x - c_j\|$ 的增大，$R_j(x)$ 衰减为零。

采用高斯基函数的优点是：

（1）表示形式简单、方便，即使输入多变量也不会过多增加算法的复杂性。

（2）具有径向对称的特点。

（3）光滑性能较强，存在任意阶导数。

（4）高斯函数表示简单、解析性好，因此，有利于理论性分析。

6.4.3　径向基函数神经网络算法的实现

假设有 p 个训练样本集 $X = \{X^1, X^2, \cdots, X^p\}$，当给定第 p 个训练样本的输入向量为 $X^p = \{x_1, x_2, \cdots, x_m\}^T$ 时，其对应的期望输出为 $Y^p = \{Y_1, Y_2, \cdots, Y_n\}$，第一隐含层中第 j 个神经元的激励输出为"基函数"$\phi_j(\|x - c_j\|)$。其中 $c_j = \{c_{j1}, c_{j2}, \cdots, c_{jm}\}^T$ 表示隐含节点基函数的聚类中心点（或中心向量），$y^p = \{y_1, y_2, \cdots, y_n\}$ 表示系统的实际输出，则系统对 p 个训练样本总的误差目标函数见式（6-28）：

$$J = \sum_{p=1}^{p} J^p = \frac{1}{2} \sum_{p=1}^{p} \sum_{k=1}^{n} (Y_k^p - y_k^p)^2 = \frac{1}{2} \sum_{p=1}^{p} \sum_{k=1}^{n} e_k^{p\,2} \qquad (6\text{-}28)$$

径向基函数神经网络从输入层到隐含层是非线性的映射关系，具有覆盖接收域能力，且输出层为隐含层基函数输出的加权和。因此，只需确定科学合理的隐含层的节点数以及基函数，就能够将之前待解决问题转化成线性可分的问题，也就是说，可以将径向基函数神经网络的设计过程转变成高维空间的、线性可分的映射关系问题。

在应用径向基函数神经网络时，需要确定 3 类可调参数：中心矢量 c_j、隐含层基函数的宽度参数 δ_j、网络的连接权值 w 或阈值 θ。其学习算法过程分为两个阶段，即无监督学习阶段和有监督学习阶段。第一阶段，无监督学习是指依据所有的输入样本集 $X = \{X^1, X^2, \cdots, X^p\}$，利用聚类分析方法求解隐含层各节点的径向基函数的中心矢量 c_j 或隐含层基函数的宽度参数 δ_j；第二阶段是指依据给定训练样本，利用有监督学习算法训练、调整隐含层与输出层之间的连接权值 w_{jk} 或阈值 θ_k。

6.4.3.1　无监督学习

依据所有的输入样本集进行聚类，求得各隐含层节点的径向基函数中心向量 c_j。k 均值算法是常用的聚类方法，用以实现实时调整中心向量 c_j，将训练样本聚成若干类，以聚类最小距离为指标找出径向基函数的中心向量，使得各输入样本向量距离该中心向量的距离最小。k 均值调整中心点的算法具体步骤如下：

（1）随机的给定各隐含层节点中心向量的初始值 $c_j(0)$（$j = 1, 2, \cdots, a$），学习速率初始值 $\beta(0)$，总目标的误差函数限定值 ε。

（2）计算当前的欧氏距离，并找出最小距离的节点 $r(1 \leqslant r \leqslant a)$，见式（6-29）和式（6-30）：

$$d_j(t) = \|x(t) - c_j(t-1)\| \quad (j = 1, 2, \cdots, a) \qquad (6\text{-}29)$$

$$d_{\min}(t) = \min d_j(t) = d_r(t) \qquad (6\text{-}30)$$

式中，r 为输入样本 $x(t)$ 与中心向量 $c_j(t-1)$ 之间距离最小的隐含层节点的序号。

（3）进行中心调整。具体操作按照式（6-31）和式（6-32）进行：

$$c_j(t) = c_j(t-1) \quad (j=1, 2, \cdots, a; j \neq r) \tag{6-31}$$

$$c_j(t) = c_j(t-1) + \beta(t)[x(t) - c_r(t-1)] \tag{6-32}$$

（4）经过某个样本对隐含层节点的运算，按式（6-33）对中心向量和学习速率进行修正：

$$\beta(t+1) = \frac{\beta(t)}{\sqrt{1 + int(\dfrac{t}{a})}} \tag{6-33}$$

式中，$\beta(t)$ 为学习速率，$int(\ )$ 为取整函数。

（5）对于下一个样本 $p=1, 2, \cdots, p$，重复（2）的计算，当满足总目标的误差函数 $J \leqslant \varepsilon$ 时，结束聚类。

6.4.3.2 有监督学习

当确定了隐含层各节点的中心向量 c_j 后，开始训练、调整隐含层与输出层之间的连接权值 w 或阈值 θ。因为输出层类似于一个隐含层基函数输出的加权和，且其属于线性优化运算，因此，更新其权值就类似于求解线性优化问题，可以运用各种线性优化算法来达到目的，而不会存在 BP 神经网络中出现极小值问题的情况。

修正权值的方法有多种，如最小均方算法、最小二乘算法等，本小节以最小二乘递推算法为例，来修正权值。将目标函数定义为式（6-34）：

$$J = \sum_{p=1}^{p} J^p = \frac{1}{2} \sum_{p=1}^{p} \Lambda(p) [Y^p - y^p(t)]^2 \tag{6-34}$$

式中，$\Lambda(p)$ 为加权因子矩阵。

运用最小二乘递推算法，权值的递推公式见式（6-34）～式（6-36）：

$$\widehat{w}_{jk}(t) = \widehat{w}_{jk}(t-1) + K(t)\{Y^p - [\boldsymbol{\phi}^p(t)]^T \widehat{w}_{jk}(t-1)\} \tag{6-35}$$

$$K(t) = P(t-1)\boldsymbol{\phi}^p(t) \cdot \left\{[\boldsymbol{\phi}^p(t)]^T P(t-1)\boldsymbol{\phi}^p(t) + \frac{1}{\Lambda(p)}\right\}^{-1} \tag{6-36}$$

$$P(t) = \{I - K(t) \cdot [\boldsymbol{\phi}^p(t)]^T\} P(t-1) \tag{6-37}$$

式中，$w_{jk}(t)$ 表示隐含层到输出层的权值大小；$\boldsymbol{\phi}^p(t)$ 表示隐含层的输出向量。

6.5 改进 FAHP 的径向基函数神经网络的风险预测模型

6.5.1 径向基函数神经网络预测模型参数选择

6.5.1.1 径向基函数神经网络的神经元个数选择

径向基函数神经网络的神经元个数选择有以下几个方面。

（1）输入层神经元个数的选择。在径向基函数神经网络的结构中，首层的数据输入层是由信号源节点所构成，影响金属非金属矿山安全状况的主要风险指标的个数决定着输入层神经元个数的选取，通过对金属非金属矿山风险指标因素的分析可知，输入层神经元个数取值为 27。

（2）隐含层神经元个数的选取。径向基函数神经网络结构的中间层为隐含层，其变换函数是非负的非线性函数，而且函数是中心点径向对称、逐渐衰减的。在径向基函数神经网络的运行过程中，隐含层神经元个数可以自适应的进行调整并直至符合目标差要求为止。

（3）输出层神经元个数的选取。径向基函数神经网络结构的第 3 层为输出层。在金属非金属矿山风险预测中，风险预测结果决定着输出层神经元的个数。金属非金属矿山风险的预测结果是一个风险等级数值，这一数值表示金属非金属矿山的整体安全状况。由于输出是一个结果值，所以输出层神经元个数取为 1。

径向基函数神经网络的预测模型结构如图 6-6 所示。

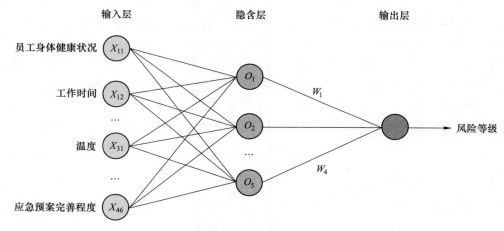

图 6-6　径向基函数神经网络的预测模型结构

金属非金属矿山风险的预测结果是反映其发生事故危险性大小的相对风险值，为了更加准确的反映风险程度，结合分级管理理论，将安全风险为五级，即低风险 $[0, 0.3]$、较低风险 $(0.3, 0.5]$、一般风险 $(0.5, 0.7]$、较高风险 $(0.7, 0.9]$ 以及高风险 $(0.9, 1]$，可近似按等级分为可忽略风险、可容许风险、中度风险、较高风险和不容许风险，具体划分标准见表 6-6。

表 6-6　金属非金属矿山风险等级标准

风险等级	取值范围	内　　容
低风险	$[0, 0.3]$	风险较小，造成的危害可以近似忽略
较低风险	$(0.3, 0.5]$	可接受的风险，尽量降低风险

风险等级	取值范围	内　容
一般风险	(0.5, 0.7]	需要采取相应措施降低风险，可以边整改边生产
较高风险	(0.7, 0.9]	努力整改，降低风险后再恢复正常生产
高风险	(0.9, 1]	不能承受的风险，将风险降到安全阈值后才能恢复生产

6.5.1.2 径向基函数神经网络学习速率初始值的选取

在径向基函数神经网络学习训练中，每一次循环训练中的权值变化量都取决于学习速率的大小。如果学习速率取值过大，则可能导致系统失去平衡，从而变得不稳定。但是如果学习速率取值过小的话，却会延长训练时间、降慢收敛速度，而且不能确保神经网络的误差值能够跳出误差表面的低谷，并且最终接近于最小误差值。因此，通常情况下为了确保系统的稳定性，学习速率的取值一般在 0.01~0.7 的区间范围内。

6.5.1.3 径向基函数神经网络期望误差的选取

径向基函数神经网络是否收敛、选取的学习速率以及训练样本是否得当，都是通过误差指标来判断的。径向基函数神经网络的误差性能函数默认为均方误差，在设计神经网络的训练过程中，根据所需要的隐含层的节点数来选取并确定期望误差值，通过对比训练后确定一个合适的值。由于较小的期望误差值是要靠延长训练时间和增加隐含层的节点数来获得的。通常情况下，可以同时对多个不同期望误差值的神经网络进行训练，经过对比后，通过综合因素的考虑来确定采用其中一个神经网络。而计算和分析误差的方法和指标很多，本系统在对网络进行训练时采用的是均方误差，均方误差是预测误差平方和的平均数，它避免了正负误差不能相加的问题，是一种常用的误差分析综合指标。本小节选取的期望误差为 0.01，可按照式（6-38）计算：

$$E = \frac{1}{2} \sum_{p=1}^{p} \sum_{k=1}^{l} (d_k^p - O_k^p)^2 \qquad (6\text{-}38)$$

式中，p 为训练次数；d_k 为第 k 次训练的期望输出值；O_k 为第 k 次的训练输出。

6.5.2 改进的 FAHP 算法优化径向基函数神经网络

FAHP 能够综合全面地思考到所有的评价指标对评价对象整体的影响，但是，在流变-突变理论中，风险突变往往会造成事故的发生。而由于指标过多，某一风险因素的突然变化，可能会被稀释，而反映不了整体的风险状况，引入了内梅罗指数计算。

内梅罗指数是一种兼顾极值或称突出最大值的计权型多因子风险指数。内梅罗指数的基本计算见式（6-39）：

$$I = \sqrt{\dfrac{\max_i^2 + \text{ave}_i^2}{2}} \qquad (6\text{-}39)$$

式中，$\max_i$ 为各单因子指数中最大者；ave_i 为各单因子指数的平均值。由于内梅罗指数特别考虑了最严重的因子，因此在加权过程中避免了权系数中主观因素的影响。通过对 FAHP 进行改进得到一种新的 FAHP 算法。

径向基函数神经网络中基函数的确定就是运用这一改进算法得以实现的。网络结构的好坏决定着网络泛化能力的高低，假如构造的网络规模冗长、复杂，就会造成网络软硬件在训练、测试时消耗过大，同时有可能出现网络过适应的情况。因此本节通过改进后的 FAHP 算法来简化径向基函数神经网络。

6.5.3　隐藏层及输出层优化

在径向基函数神经网络中，利用径向基函数作为隐含层神经元的"基"，从而构成隐空间，如此一来，就能够确定出基函数中心的宽度参数。同时隐含层执行的是一种固定的、不发生任何改变的非线性变换。

采用一种裁减的方法来简化径向基函数神经网络结构。具体思想是：剔除掉那些对于整个网络的输出贡献没有作用或作用很小的隐含层单元，以达到简化隐含层的神经元的目的。这里需要给出一个初始值 δ 作为隐含层单元对整个网络的输出贡献的标准。

本节所涉及裁减方法的具体步骤为：

第一步：对于每一次循环的输入、输出（x_n，y_n），计算出每一次的隐层单元输出，具体计算见式（6-40）：

$$R_k^n = \alpha_k e^{-\frac{1}{\delta_k} \| x_n - \mu_k \|^2} \quad (k = 1,\ 2,\ \cdots,\ k) \qquad (6\text{-}40)$$

第二步：找出对应隐含层输出值的绝对值最大的隐含单元 $|R_{\max}^n|$，计算出每个隐含层单元输出值，见式（6-41）：

$$r_k^n = \left| \frac{R_k^n}{R_{\max}^n} \right| \qquad (6\text{-}41)$$

第三步：对于连续 M 次的输入与输出，若输出值小于 δ，则删除此隐含层单元，并将隐含层单元数目减一。

径向基函数神经网络的第 k 个隐含层单元的输出为 $R_k^n = \alpha_k e^{-\frac{1}{\delta_k} \| x_n - \mu_k \|^2}$，（$k = 1,\ 2,\ \cdots,\ k$）。利用伪逆算法计算出其权值，具体计算见式（6-42）：

$$\alpha = \frac{\boldsymbol{R}^{\mathrm{T}} \boldsymbol{d}}{\boldsymbol{R}^{\mathrm{T}} \boldsymbol{R}} \qquad (6\text{-}42)$$

式中, d 为期望输出矩阵。

该方法具有速度快、效率高的特点,但是,其缺陷在于 $R^{\mathrm{T}}R$ 可能是一个奇异矩阵,这样的话,将严重影响运用伪逆求权值的效果。因此,经过实验研究发现,可以将 $R^{\mathrm{T}}R$ 移动到 $R^{\mathrm{T}}R + \lambda I$ 求解,且效果很好。

6.5.4 改进 FAHP 算法优化径向基函数神经网络的风险预测步骤

本节基于改进 FAHP 算法得到了隐层单元的中心值,基于一种裁减方法得到了简化的径向基函数神经网络结构,基于伪逆算法实现了隐含层到输出层的权值调整,进而实现了对径向基函数神经网络参数和结构的整体优化。实现优化的具体步骤为:

第一步:利用改进 FAHP 算法对输入样本进行计算,得到径向基函数神经网络隐含层单元的中心值。

第二步:利用伪逆算法实现隐含层到输出层的权值调整。

第三步:计算出每个隐含层单元的输出值,并进行规范化处理,判断每个隐含层单元对整个网络的输出贡献大小。

第四步:在满足网络输出误差的前提下,利用裁减的方法去除对整个网络的输出贡献比较小的隐含层单元,实现对网络结构的优化。

7 案例分析——以程潮铁矿为例

7.1 企业概况与实验环境

7.1.1 基本情况

　　程潮铁矿为武钢集团四大矿山之一，年生产能力达 360 万吨左右，每年生产的矿石产量在集团矿石总产量中占据重要的地位，同时，在国内外程潮铁矿也是颇有名气的矿山，曾被评为十佳矿山，铁矿石为程潮铁矿生产的主要矿产品。程潮铁矿地理位置十分优越，在矿区周边有 106 等国道与鄂州、黄石和武汉等地相通，同时矿区周围有铁路与武九铁路相接，具有"江湖海直通、水铁公联运"的优势。其地理位置图如图 7-1 所示。

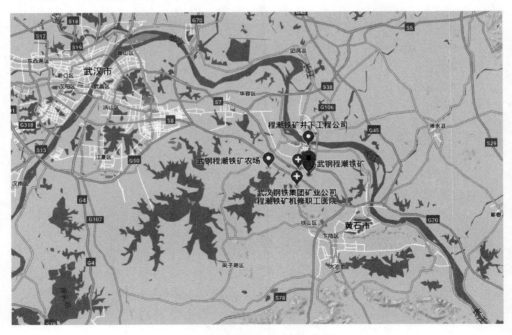

图 7-1　程潮铁矿地理位置图

　　程潮铁矿建矿至今已生产约 60 余年，矿山各项生产、生活设施完善，其中选矿车间以及采矿车间新副井等位于矿体下盘，矿区内有程潮大湾以及塔桥村和石家湾村等村庄，位于矿体上盘，根据谷歌卫星云图显示，矿区基本概况如图 7-2 所示。

图 7-2　矿区概况分布图

7.1.2　实验环境

本节内容选取程潮铁矿作为案例，对提出的预测模型进行实例验证。下面是一些具体实验环境。

实验平台：Ubuntu 16.04。

实验框架和库：scikit-learn、scipy、numpy、pandas、matplotlib。

实验语言：Python。

7.2　数据预处理

7.2.1　数据集

数据集来源于现场调研，其中包括人、设备、环境、管理 4 类数据，按照指标体系隶属度函数计算、定量表打分、隶属度确定表打分共 36 个指标，外加事故类型和场所单元两个标记。其中事故类型包括：重大事故、一般事故、轻微事故、未发生事故。场所单元包括：采掘单元、选矿单元、球团单元、尾矿库、炸药库。收集了近 2 年的风险数据，经整理计算得出共 40 组样本数据，其中 1～36 作为训练集，37～40 作为测试集。

7.2.2　预处理

7.2.2.1　缺失值处理

这里不对缺失值做舍弃处理，这里采用回归的方法处理这些缺失值。首先找到需要替换那一列里的缺失值，并找出缺失值依赖于其他列的数据。把缺失值那一列作为 Y_ parameters，把缺失值更依赖的那些列作为 X_ parameters，并把这些数据拟合为线性回归模型。

7.2.2.2　标准化

当数据包含不同量纲的多种变量时，数据间的差别可能很大。如果将这种不同种类、不同量纲、数值大小差别很大的数据组合在一起进行预测建模，必然会给风险预测带来较大的误差，甚至导致预测算法的发散。因此，在利用这些数据之前，应先对其进行预处理。其中，数据的标准化处理就是一个常见的数据预处理方法。在对样本进行训练之前，需要对原始数据做标准化处理，以确保其数值在 [0，1] 内。

7.3　风险预测仿真

7.3.1　改进的 FAHP-决策树预测仿真

本节选用 Python 进行径向基函数神经网络的分析与设计，依据风险指标数据，选取 1～36 号样本作为训练集，对利用改进的 FAHP 径向基函数神经网络模型进行训练。训练完成，且结果满足允许误差，利用 37～40 号样本对径向基函数神经网络进行测试，其仿真结果与实际结果见表 7-1 以及图 7-3 和图 7-4 所示。

表 7-1　仿真结果与实际结果比较

样本编号	实际结果	径向基函数神经网络预测模型		传统 FAHP 径向基函数神经网络预测模型		改进 FAHP 径向基函数神经网络预测模型	
		仿真结果	误差/%	仿真结果	误差/%	仿真结果	误差/%
37	0.6296	0.6220	−1.205	0.6342	0.735	0.6318	0.353
38	0.6555	0.6619	0.978	0.6509	−0.689	0.6574	0.296
39	0.8639	0.8754	1.332	0.8569	0.8569	0.8612	−0.306
40	0.4985	0.4985	−0.958	0.5022	0.758	0.4970	−0.289

续表 7-1

样本编号	实际结果	径向基函数神经网络预测模型		传统 FAHP 径向基函数神经网络预测模型		改进 FAHP 径向基函数神经网络预测模型	
		仿真结果	误差/%	仿真结果	误差/%	仿真结果	误差/%
最大相对误差/%		1.332		−0.802		0.353	
平均绝对误差/%		1.118		0.746		0.311	

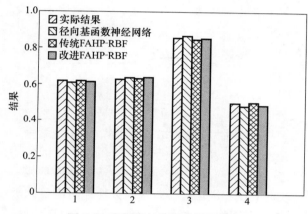

图 7-3　实际值与仿真值结果比较

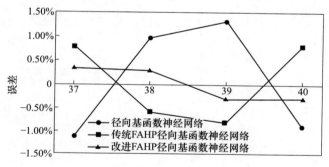

图 7-4　误差比较

7.3.2　实验结果分析

由表 7-1 以及图 7-3 和图 7-4 可以看出，通过径向基函数神经网络对金属非金属矿山风险的预测结果与实际值的相对误差，最大为 1.332%，最小为 1.118%，平均误差为 0.746%；通过传统 FAHP 径向基函数神经网络对金属非金属矿山风险的预测结果与实际值的相对误差，最大为 −0.802%，最小为 0.735%，平均误差为 0.746%；通过改进 FAHP 径向基函数神经网络对金属非金属矿山风险的预测结果与实际值的相对误差, 最大为 0.35%, 最小为 - 0.289%, 平均误差为 0.311%。可见, 通过改进 FAHP 径向基函数神经网络模型对金属非金属矿山风险的预测效果较好, 测试具有较高的精度、可信度, 能够比较准确地反映出金属非金属矿山的整体安全状况。

通过利用改进 FAHP 算法优化对径向基函数神经网络参数的优化, 其收敛过程如图 7-5 所示。

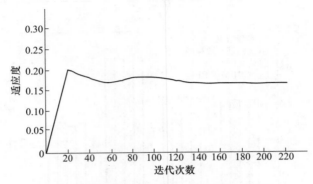

图 7-5　改进 FAHP 优化目标函数收敛过程

图 7-5 是利用改进 FAHP 优化后径向基函数神经网络目标函数的自适应收敛过程, 由图可以看出: 适应度在一开始就直线上升, 而且上升速度极快, 虽然迭代到 34~95 的时候出现了震荡起伏, 但是在 130 代以后, 适应度达到一定数值后已经很难再下降了, 在迭代到 210 代以后就已经基本上完全收敛、趋于稳定并最终达到最优。

8 风险预警平台设计

8.1 系统需求分析

8.1.1 系统功能需求分析

金属非金属矿山风险预警平台的主要功能是针对人、物、管理、环境等风险指标数据进行分析和处理，并预测未来短期系统的运行状态，从而为企业安全管理人员和政府管理人员提供科学的决策支持。一旦发生预警，系统将对风险进行预警，并依据预警知识库采取相应的对策。系统的主要模块包括：数据模块和应用模块。图8-1是金属非金属矿山风险预警平台的功能结构图。

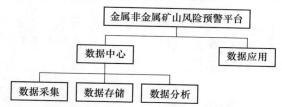

图 8-1 金属非金属矿山风险预警平台系统功能结构图

8.1.2 数据采集模块

在对数据进行分析之前，需要对数据进行采集。数据采集模块一般是由各种传感器（如温度传感器、湿度传感器、电流传感器、电压传感器、CO 传感器等）及各种感知设备和网络节点组成，该系统模块的功能主要是采集各种人、物、环境等参数的信息，并将采集的数据及时传输至数据存储模块。数据采集模块结构如图8-2所示。

传感器以及各种数据采集终端定期地将数据采集传输至存储模块，然后进行数据的清洗等预处理工作，数据分析模块调用数据存储模块里面的数据，对数据进行分析处理。采集模块数据流图如图8-3所示。

8.1.3 数据存储模块

金属非金属矿山风险预警平台的数据会随着时间的流逝不断增加，因此数据存储模块必须有良好的可扩展性来应对海量数据的存储，同时，还需要对系统的其他模块提供文件操作的接口，以上两点为数据分析模块进行数据挖掘提供了先决条件。另外数据存储模块还应具备高可用性，否则会影响到整个系统的计算能力。

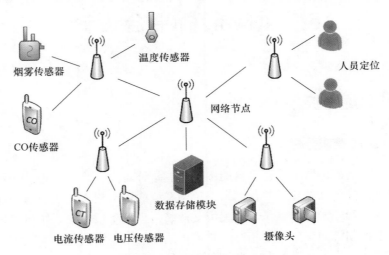

图 8-2　数据采集模块结构图

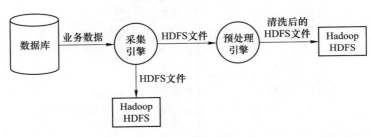

图 8-3　采集模块数据流图

8.1.4　数据分析模块

对金属非金属矿山风险指标数据进行统计分析，发掘系统状态变化规律，为安全管理人员提供决策支持。因此，数据分析模块在功能上不仅需要支持对各地区电力物资需求量数据的查询、统计分析，同时还要支持对海量数据的深度挖掘分析以发现数据中隐含的变化规律，从而对系统风险做出合理的预测，为安全管理人员提供决策依据。

8.1.5　数据应用模块

原始数据经过采集、预处理以及分析，会得到一批新的结果数据，这些数据本身就含有巨大的价值。但是它们也仅仅是一些经过处理并按照一定的格式存储起来的数字而已，很多时候这些数据的价值都是埋藏于数据的深层，如果想要充分利用其价值，就需要将这些数据以恰当的方式展现出来，表现数据的过程就是数据可视化的过程。数据分析可视化是很有必要的，虽然数据已经分析出来了，可能通过查看就能得到自己想要的内容，但是正所谓一图胜千言，通过可视化可以让用户一目了然地看到数据的趋势，并且在形状上和颜色上加以区分和定义，让用户轻轻松松就能掌握业务上的发展趋势，更好地把握数据。同时，相比向用户展示原始分析结果，可视化显然具有更好的用户体验。利用 Web 实现该系统是一个很好的解决方案。应用子系统采用 B/S 架构，通过浏览器就可以轻松地访问系统，随时了解系统运行状况，同时简化系统的开发和维护，服务器端的升级、技术更新方便，并且对用户来说是透明的。基于高可扩展性和可维护性的原则，在设计系统时使用 MVC 三层体系结构，它认为不论程序的复杂程度怎样，从结构上都可以分成 3 层：

（1）最上面是视图层，负责页面的展示，View 层不进行业务相关的处理。

（2）最底下的一层，是核心的模型层，负责提供数据操作接口给程序使用。

（3）中间是控制层，负责协调视图层和模型层之间的交互。

这 3 层是高内聚、低耦合的，各层之间通过接口来调用，只要对外提供的接口不变，某个模块的修改对其他模块来讲就是透明的，有利于系统的升级和维护。B/S 模式下 MVC 三层架构示意图如图 8-4 所示。

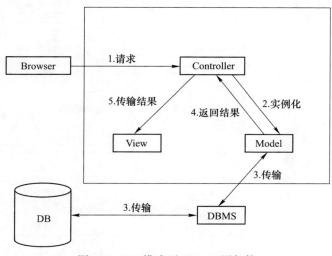

图 8-4　B/S 模式下 MVC 三层架构

8.2　系统架构设计

8.2.1　系统总体架构

系统的设计目标是构建一个为金属非金属矿山风险数据做决策分析的辅助系

统，为风险预警平台提供决策化的数据支持。本节构建的电力物资需求分析系统，借助 Hadoop 分布式系统架构及其生态圈应用了分布式存储、并行计算等技术，通过 Sqoop 工具将金属非金属矿山企业的关系型数据库与风险预警分析系统相互关联起来，将风险预警历史数据传输到 HDFS 分布式文件系统中，通过系统的整合，进行风险分析和预测。用户使用浏览器访问 web 系统，就可以查看分析结果。

系统的整体架构图如图 8-5 所示。系统的架构设计采用了分层的思想，系统主要包括数据采集层、数据存储层、数据分析层以及数据应用层。采用可插拔模块化设计，用户可以独立使用每层的功能，各模块之间以接口的形式进行交互。

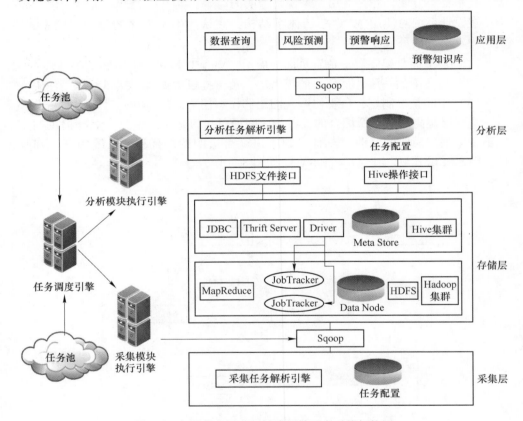

图 8-5　金属非金属矿山风险预警平台系统架构图

下面逐一对各层的设计做详细的介绍。

8.2.2　数据采集层

数据采集模块要实现 HDFS 分布式文件系统和关系型数据库之间的双向数据迁移，可以按照任务配置进行自动化的数据采集处理。

　　金属非金属矿山风险预警平台提供了可配置的数据采集功能。采集层架构由采集任务解析引擎和任务配置协作完成。用户需要预先配置数据源的相关信息和调度的时间信息。首先由采集任务解析引擎负责解析读取用户配置的数据源基本信息，生成可被调度的任务，将任务放入任务池等待被调度，然后，任务调度引擎根据用户的任务时间配置判断当前时间点是否需要执行数据采集任务。由于采集的数据量非常大，所以要根据源数据库服务器的硬件性能和使用时间合理规划数据采集任务的执行时间，尽量错开高峰期，避免数据采集过程中对使用数据源的系统造成大幅度的性能下降。数据采集的目的是为了系统的数据分析层能够使用 HDFS 之外的数据作为数据源。在现在的软件系统中，有价值的数据都被保存在关系型数据库中，电力物资数据也不例外，因此需要一个工具将其从关系型数据库中采集（迁移）到 HDFS 中。Sqoop 非常适合完成 Hadoop 和关系型数据库之间的数据导入和导出的工作。因此，本节的数据采集模块实质上是基于 Sqoop 做二次开发。需要注意的是，数据的采集工作要分为两种类型，在系统刚上线时，需要将数据库中的所有历史数据一次性导入 HDFS 中（全量导入），系统上线后，由于源数据量很大，每次都使用全量导入来更新数据不管在时间还是效率上都是不可行的，要在全量导入的基础上，定期将新增加的数据导入 HDFS（增量导入）。这样数据仓储的数据才能和数据库保持同步，这也体现了数据仓库时变的特点。图 8-6 是 Sqoop 导入数据的流程图。

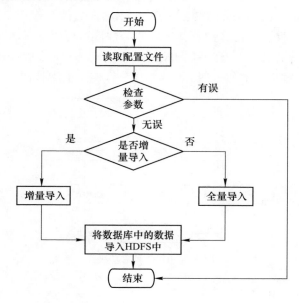

图 8-6　Sqoop 导入数据流程图

8.2.3 数据存储层

本系统使用 HDFS 和 MySQL 组合来实现数据的存储，这样既能充分利用 HDFS 高可靠性、高可扩展性的数据存储能力，同时利用 Map Reduce 进行高效数据处理，又能发挥关系型数据库对数据的增删改查的优势，快速多维展示最近一段时间内的数据和预测结果。

8.2.3.1 HDFS 存储

HDFS 负责存储原始的电力物资数据以及经过分析层 Map Reduce 处理后的文件。对于分析层，随着时间的流逝，数据存储量是单机文件系统无法承受的，必须采用高扩展、高可用性的分布式文件系统来存储。

HDFS 是面对海量数据存储才应运而生的，另外，HDFS 对硬件的要求很低，可以运行在廉价商用服务器甚至个人电脑上，当数据上传到 HDFS 系统中时会在 Name Node 的控制下存储到不同的数据节点上，避免了存储系统中的单点故障问题，随着数据量的增加，HDFS 可以方便地水平扩展。因此，HDFS 适合作为金属非金属矿山风险预警平台的存储解决方案。

系统的存储层除了针对海量物资数据的存储，还要提供简单易用的文件操作接口，包括 HDFS 文件接口和 Hive 操作接口。存储层的文件操作接口主要用来为系统的其他层提供服务，比如需要定期将数据分析挖掘过程中产生的中间结果删除，数据预测模型的结果要上传到 HDFS。HDFS 文件操作接口包括新建目录、删除目录、删除文件、上传文件等，良好的文件接口可以让 HDFS 的使用变得更加简单，Hive 的操作接口主要提供 Java API 操作，具体流程如图 8-7 所示，与 JDBC 操作关系型数据库类似。图 8-8 为 HDFS 存储层的架构图。

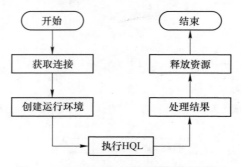

图 8-7 Hive 的 JDBC 客户端操作流程图

8.2.3.2 MySQL 存储

MySQL 用于构建物资需求分析系统的应用子系统，分析层产生的数据位于

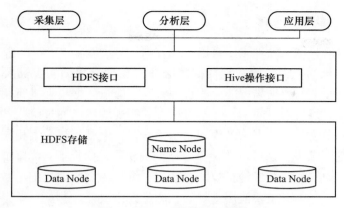

图 8-8 HDFS 存储层架构图

HDFS 上，这些结果数据将定期导入 MySQL 中以供应用层使用。类似于数据迁移层，可以在 Sqoop 的基础上做二次开发实现 HDFS 的数据到 MySQL 数据库的迁移。

8.2.4 数据分析层

数据分析层负责数据的分析和挖掘，挖掘的结果供应用层使用。数据挖掘是指从存放在数据库、数据仓库或其他来源的大量数据中发现隐藏价值的过程，图 8-9 为一个典型的数据挖掘系统的架构。

从采集层获取的电力物资数据存在着重复记录、格式不统一等问题，不能直接拿来使用，对数据进行数据挖掘以前要先对收集到的电力物资数据进行预处理，使其变成"干净的、可信的"数据，数据的质量直接影响着数据挖掘结果的准确性。

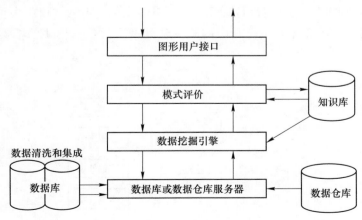

图 8-9 数据挖掘系统架构

8.2.4.1　数据预处理

本节涉及的数据预处理主要有以下几方面。

（1）数据规约。多数的数据挖掘算法即使在少量数据上也需要花费较长的时间，数据仓库上的数据集可能会非常的大，在海量数据集上进行复杂的数据分析和挖掘将需要很长的时间，甚至不可行。数据规约可以通过维规约、数据压缩等方法得到数据集的压缩表示，规约表示小得多，但是能够产生相同（或几乎相同）的数据挖掘结果，这可以在保障数据挖掘质量的前提下大大降低数据分析的时间。数据规约的策略有多种：数据方聚集、维规约、数据压缩、数值压缩、离散化和概念分层。本节主要使用维规约，删除冗余属性。

（2）数据的集成和聚集。数据集成就是将这些数据统一存储管理的过程。由于各个数据源以往都是单独进行管理的，所以在集成的过程中会出现很多问题，如数据表的字段不一致、量纲问题等。量纲问题指同一属性的属性值可能使用不同的度量单位，因此需要规定一个标准对单位进行同一格式的转化。数据的聚集是指将多个对象汇总合并成单个对象。业务数据在存储数据时，一般会事无巨细地进行存储，而数据仓库中的数据一般是为了数据分析用，不一定需要过细的粒度，这时数据聚集就有着重要的意义。分析层使用 Map Reduce 完成数据的聚集处理，也可以使用 Hive，通过 HQL 语句简化 Map Reduce 程序的开发。

（3）数据去重。数据仓库是"时变"的，所以一般情况下，数据仓库中的记录都包含着某种形式的时间标志，通常都会利用记录的时间戳字段来获取记录的时间信息进行导入，在这个过程中，可能会产生重复数据。重复记录会影响统计结果，所以数据分析前必须先去重。

数据预处理时，通常先进行维规约、聚集等变化，再做空值或去重处理。当然也可以根据实际情况只执行其中的某一项处理。预处理模块的框架如图 8-10 所示。

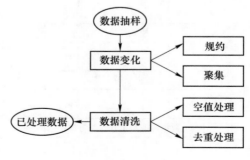

图 8-10　数据预处理模块框架

8.2.4.2　数据分析与预测

数据分析与预测是金属非金属矿山风险预警平台的核心模块，前面已经单独介绍过数据分析和预测算法的设计与实现，这里不再赘述。

8.2.5　任务调度层

金属非金属矿山风险预警平台以"任务"的概念将一个大数据分析处理流程进行抽象拆分，抽象出数据采集、数据预处理以及数据分析任务。任务调度层是系统的"大脑"，负责周期性地调度任务并监控，在其监管下，将系统中复杂的数据分析任务变成了一个自动化流程。把一系列任务配置到一个作业中，然后再为这个作业创建触发器，到了设定的时间这个作业就会自动执行了。使用 JDK 提供的 java. util. Timer 和 java. util. Timer Task 这两个类可以实现一个最基本的调度器，但是其功能太过简单，只能用来实现一些非常简单的调度任务，Timer 类也无法对作业和触发器作相应的组织，使用每个任务创建一个线程，而不是线程池的方式，还有其他不足之处使其难以成为一个完全意义上的作业调度器。JDK 引入的 Executor 框架提供了 Scheduled Executor 类，虽然它是基于线程池实现的，也只能完成一些简单的调度任务。

本节借助 Quartz 框架实现任务调度机制。Quartz 提供了强大的任务调度机制，它可以灵活地配置调度策略，对任务和触发器进行关联映射，Quartz 提供了持久化机制，可以保存调度现场，即使系统发生异常宕机，随后也可以恢复调度现场。此外，因为 Quartz 可以通过 Job Store 持久化调度信息，所以可以实现任务监控的可视化管理。

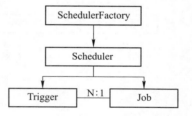

图 8-11　Quartz 核心组件图

Quartz 有三大核心组件：Scheduler、Job 和 Trigger，如图 8-11 所示，其中，Job 用来定义运行任务，Trigger 定义触发规则，描述 Job 执行的时间，Scheduler 可以将 Trigger 和 Job 关联起来，当 Trigger 被触发时，对应的 Job 就被执行。Quartz 任务调度的流程如图 8-12 所示。

8.2.6　应用层

应用层主要是为风险预警的分析预测结果提供友好的可视化。图 8-13 是应用层的功能模块图。

数据查询功能可以对各项风险指标、预警状态和预警知识库案例进行查询；数据预测是基于历史数据构成的时间序列进行预测，并以友好的可视化形式将预测结果展示出来；预测结果评价是根据一些统计指标来衡量预测精度，展示预模型拟合的好坏程度；如果差值超过给定的阈值则触发短信、邮件报警，通知相关人员提前做好规划和应急准备。调度监控模块负责新增、修改、删除作业，并对作业的运行状况进行查看。API 模块向外部提供接口，供其他系统调用，实现服务的无缝集成。

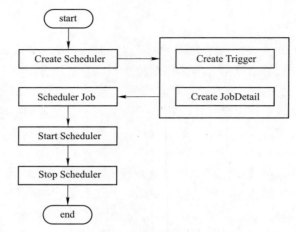

图 8-12　Quartz 任务调度的流程

图 8-13　应用层的功能模块图

9 程潮铁矿采场安全生产双重预警控制体系开发实践

9.1 程潮铁矿采场风险因素识别

9.1.1 程潮铁矿工程地质调查

9.1.1.1 程潮铁矿矿区工程地质

程潮铁矿的工程地质条件影响着采场围岩的稳定性以及井下涌水、工程爆破等活动。因此，对工程地质条件的调查，可以有效地分析采场的主要风险因素和事故类型。本小节旨在收集相关资料，并据此对程潮铁矿采场的风险因素进行识别。

A 矿区地质特征概况

程潮铁矿位于鄂州泽林，是宝武集团（原武钢）四大矿山之一，盛产铁矿石。程潮铁矿整个矿区的东边从细王冲开始，一直延伸到西边的塔桥庙，总长度约为 2300m。整个程潮铁矿的矿区概况分布如图 7-2 所示。

整个矿区以 15 号勘探线为界分为东采区和西采区两个区域，矿区共有160 多个磁铁矿体和 130 多个硬石膏矿体。其中规模较大的主矿体有 7 个，依次记为 Ⅰ 至 Ⅶ 号矿体。整个矿区的矿床分布如图 9-1 所示。其中，Ⅰ 至 Ⅲ 号矿体位于东区，矿体的埋藏相对较浅。Ⅳ 至 Ⅶ 号矿体位于西区，矿体的埋藏相对较深。整个矿区的矿床分布为 NWW 走向，长约 3000m，宽约 1500m，面积 4.5km^2。

B 区域地质概况

程潮铁矿的矿区在淮阳地盾和江南古陆之间，其在淮阳"山"字型构造中的位置如图 9-2 所示。

程潮铁矿位于的鄂城地区主要由淮阳"山"字型构造和新华夏构造这两个构造体系构成，主要以"山"字型构造为主，"山"字型构造决定着程潮矿区内构造的总体轮廓和铁矿床分布。鄂城地区地质构造的情况，如图 9-3所示。

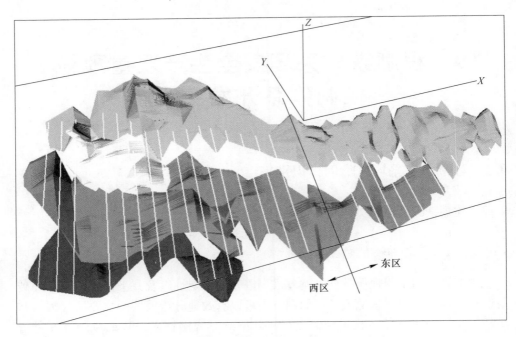

图 9-1 程潮铁矿的矿体分布

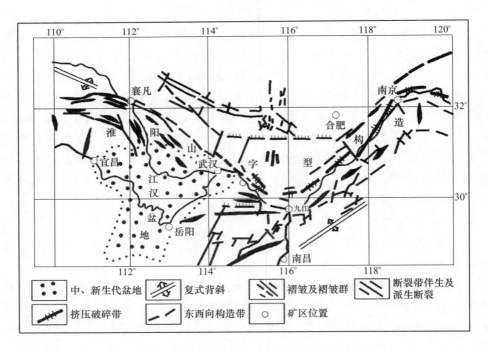

图 9-2 程潮铁矿在淮阳"山"字型构造中的位置

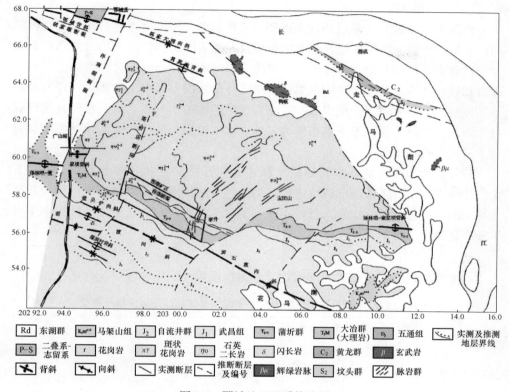

图 9-3 鄂城地区地质构造图

C 水文地质情况

程潮铁矿所在地是亚热带大陆季风气候的区域内，春夏秋冬，冷热变化较为明显。其中夏季的最高温度可高达 42℃，冬季低至−11℃。大气降水量的变化范围约为 785～1822mm，年平均降水量为 1200mm 左右。从三月上旬开始，到八月下旬结束这段时间内属于该地区的雨季。这几个月的平均降水量区间为（145，230），单位为 mm，占到全年降水总量的 60% 以上。

由于该矿场的地理位置，其附近没有较大的地表水资源，地表水资源主要是在地表形成的湖泊，江河为主要来源。但是因为矿场所处地理位置的水资源较少，其主要的地表水资源的补给主要是工人村溪以及程潮溪这两条。据资料介绍，程潮溪主要位于丘陵地带，以远处的梁子湖为依托，其主要的资源供给还是依赖于大气降水，其次是通过松散岩层进行渗透，但是以渗透的形式的活水资源的流入一般较少，特别是在干燥少雨的冬季，每小时的流量仅为几升，只有在雨季才会达到 200～300L/s，洪水流量甚至可高达 20m³/s；工人村溪是方家湾的小水沟，其主要供给仍是天然降水为主，不过其水质已经受到工业废水和生活污水的污染。补给主要为大气降水，流量为每秒数升，雨季可达百升每秒，洪水流量

可高达每秒 $10m^3/s$。

西区Ⅳ号矿体 F15 断层的含水性和导水性较差，因此可以将其作为程潮铁矿西区矿坑疏干西面的隔水边界。北侧主要以花岗岩、南侧以闪长岩以及角页岩等导水性和含水性较差的岩体作为隔水岩体，中间的裂隙溶洞综合含水带主要以大理岩和铁矿体为主，作为矿区主要含水层。深部的次要含水层主要由大理岩和磁铁矿体构成。整个含水带呈现 NWW-SEE 走向的长条状分布，地下水的补给仅靠自然降水。其补给径流及排水条件均欠佳。水文地质条件中等偏简单的类型，有利于矿山进行地下开采。

在开采的初期，地下水的静储量较大，很容易发生井下涌水事故。另一方面，伴随着地下开采活动的持续进行，加上地下水位的变化以及地表塌陷、开裂等情况的产生，自然降水渗入条件不断发生改变，矿区的水文地质条件将会呈现不断变化之中。

D 矿岩分类及稳定性

程潮铁矿西区的主要矿岩的岩性、坚固性系数或抗压强度以及构造见表9-1。

表 9-1 程潮铁矿主要矿岩的岩性、坚固性系数或抗压强度以及构造

岩性	坚固性系数 抗压强度	结构与构造
矽卡岩体	$f = 21$	块状构造、粒状变晶结构或花岗变晶结构、裂隙均较为平直、光滑，部分裂隙面可见擦痕，裂隙一般延伸长度在 50~200cm，易水解
浅色闪长岩体	$f = 11 \sim 23$	中细粒结构，块状构造，岩石较为致密、坚硬，小裂隙发育，裂隙间碳酸盐矿物、绿泥石、透辉石等充填，岩心完整，蚀变作用强烈
石英长石斑岩体	$f = 12$	斑状结构，块状构造，岩石致密坚硬，刚性强。节理裂隙不甚发育，一般长度在 2m 以内，裂面一般较为光滑，多充填有石膏和方解石
花岗岩体	237.15MPa	刚性强，性坚硬，小节理发育，以剪性为主，裂面凹凸不平，且多为闭合状，其间多为钙、铁质和绿泥石等矿物全部充填，其平均线密度为 14.6 条/m，在密集带分布高达 41 条/m
闪长玢岩体	143.3~ 376.8MPa	斑状结构，岩性特点多致密、坚硬，成块状，节理、裂隙不甚发育，蚀变严重
大理岩体	$f = 10$	细粒变晶结构，致密块状，硬度较低，性脆，节理、裂隙也相对发育，裂面间多被方解石、石膏、矽卡岩矿物等充填
花岗斑岩体	352.4MPa	斑状结构，块状构造，性硬，节理裂隙发育，裂面多被石膏、方解石、绿泥石细脉充填
角岩体	$f = 9$	微花岗变晶结构，一般致密，块状构造，性硬而脆、裂隙发育，岩心采取率低
块状磁铁矿石	151.2MPa	微细粒结构，块状构造，钻孔岩心完整，节理、裂隙皆不发育，矿心采取率高达 90% 以上

岩性	坚固性系数 抗压强度	结构与构造
浸染状和 斑块状磁铁矿石	128.5~ 130.4MPa	微粒结构，致密坚硬，节理、裂隙多不发育，性较硬
细粒硬石膏矿石	100.0MPa	结晶细粒，块状构造，性软，节理、裂隙不发育
巨晶硬石膏矿石	45.0MPa	板状巨晶，性脆，受挤压多沿晶面破碎，节理发育，抗压强度低

9.1.1.2　程潮铁矿开采现状

目前程潮铁矿采场的开采方法，同国内绝大多数地下金属矿山一致，采用无底柱分段崩落法。其特点为：在同一个分段的回采巷道内，凿岩、崩矿和出矿等过程按顺序进行，具体示意图如图 9-4 所示。

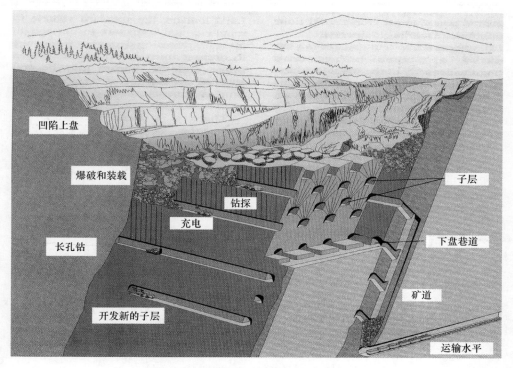

图 9-4　无底柱分段崩落法开采示意图

由图 9-4 可以看出，所有回采阶段的工作，均是从运输巷道向回采巷道掘进，并且回采巷道在不同水平段呈交叉布置。在爆破崩矿阶段，对应的巷道布置向上的扇形炮孔，并在布置完毕后开始进行崩落矿石。接着，从回采巷道的一端用铲运机将崩落的矿石运到溜井。最后，在岩石的覆盖下放出，并伴随着崩落矿石的放出逐渐填充采空区。

程潮铁矿采场的具体参数和实际的情况汇总如下：阶段高度为70m，分段高度为8~14m，进路间距为10m。进路呈垂直走向并呈菱形交错布置，进路规格为3.2m×3.2m。其中，斜坡道主要用于分段与分段之间以及分段与不同阶段水平之间；分段联络道则用于运输巷道与斜坡道之间。另一方面，每个矿块设有一个矿石溜井和用于通风的通风井，每两个矿块设有一个运送废石的溜井。沿走向每300~500m有一条设备井和一条行人井，所有井巷都布置在底盘围岩之中。

9.1.1.3　程潮铁矿采场主要事故类型

表9-2列出了近年来我国矿山重特大事故的情况。

表9-2　近年我国矿山重特大事故一览表

事故时间	事故单位	事故类型	事故后果
2010.03	河南马古田镇顺达铁矿	透水	造成9人死亡
2010.07	磊鑫公司和文华公司锰矿	透水	造成10人死亡
2011.07	山东正东矿业铁矿	透水	造成24人被困
2012.03	山东济钢集团石门铁矿矿井	罐笼坠落	造成13人死亡
2012.08	广东省清远市英德市龙山采场	冒顶	造成10人死亡
2013.01	吉林老金厂金矿股份有限公司西坑井下	火灾	造成10人死亡，28人受伤，直接经济损失929万元
2013.05	章丘市埠村街道埠东黏土矿	透水	造成9人死亡，1人失踪
2015.12	临沂市平邑县万庄石膏矿区	冒顶	造成29名矿工被困，其中，1人死亡，13人失踪
2016.08	甘肃省张掖市酒钢集团宏兴钢铁股份有限公司西沟石灰石矿	火灾	造成12人死亡

注：数据来源于国家安监总局重特大事故统计。

由表9-2可以看出，大部分的事故发生在采场，主要的事故分为透水、冒顶、火灾、炸药爆炸和罐笼坠落等。另一方面，程潮铁矿从1969年11月建成投产以来，未发生重特大事故，事故类型多集中在冒顶事故、井下涌水事故和气体中毒3类。因此，笔者将这三类事故作为本节的主要内容，程潮铁矿具体的事故类型如图9-5所示❶。

其中，冒顶事故包括：大面积切顶、局部垮落或切顶和小范围局部冒顶。井

---

❶　诸如电气伤害、机械伤害和坠井等事故发生概率极小，将不是本节叙述的重点。

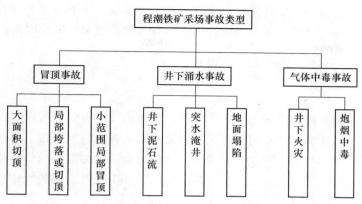

图 9-5　程潮铁矿采场的主要事故类型

下涌水事故包括：井下泥石流、突水淹井和地面塌陷。气体中毒包括：井下火灾和炮烟中毒。其中，由于井下火灾产生的危害主要为产生的有毒有害气体致人死亡，因此将其归为气体中毒。笔者将在 9.2 节对这三类主要的重点事故进行分析，并识别出其对应的风险因素。

9.1.2　无底柱分段崩落法开采风险因素识别

风险因素的识别是预警机制以及预警指标确定的基础，风险因素识别是否全面、合理、科学，将决定预警指标体系的优劣、预测的准确性以及风险预警的有效性。本节笔者将提出一种基于逆向工程的风险因素识别方法，对程潮铁矿崩落法开采的主要风险因素进行识别。

9.1.2.1　风险因素识别

传统的风险因素（风险源或危险源）的识别方法有很多，譬如：经验法、对照法、检查表法、鱼骨图法等。这些方法在事故预警体系的研究以及安全管理的过程中起到了至关重要的作用。但是，在实际应用中还存在诸多不足，实际生产系统中风险因素很多，动辄成百上千个指标，在传统的识别方法中，必须面面俱到，而一些风险因素对事故发生的影响极小、发生概率极低，但同样纳入考量的范围，这将导致时间成本和人力成本将大大增加，不利于安全管理的高效性。

在逆向工程方法中，往往可以直接从现成的成品进行分析，进而推出其内部的构造和机理。鉴于此，在对风险因素识别过程中，可以通过事故发生的类型，逆向推导出系统中的风险因素。在事故致因理论中，导致事故发生往往同风险源和预控手段有关，即风险源被激发产生风险，预控手段失效。要避免事故的发生，即要切断事故致因链。

依据近年来程潮铁矿以及国内同类型金属地下矿山事故统计，确定程潮铁矿崩落法开采采场的主要事故类型分为 3 类：冒顶事故、井下涌水事故和井下气体中毒事故。下面将针对这 3 类事故，依次对程潮铁矿的采场风险因素进行识别。

9.1.2.2　冒顶事故相关风险因素

A　地质条件

这里的地质条件主要是指岩体的质量，冒顶事故的发生通常就是由于岩体的完整性遭到了破坏，譬如：由于存在断层和褶曲所构成的破碎带，当矿床穿过这些破碎带的时候会导致节理发育，脆弱节理面也会通过裂隙水的作用遭到不同程度的腐蚀。这样一来，岩体的完整性就遭到了破坏，导致采场的稳定性下降，很可能造成冒顶事故的发生。

对于工程岩体质量的评价和分类，国际上采用最多的就是 Barton 等人提出的岩体质量指标 Q。其中，Q 值可按照式（9-1）计算：

$$Q = \frac{RQD}{J_\text{n}} \times \frac{J_\text{r}}{J_\text{a}} \times \frac{J_\text{w}}{SRF} \tag{9-1}$$

故可据此将识别出的岩体质量量化为 Q 值，利用 Q 值来反映岩体的质量。其他参数指标及其含义见表 9-3。

表 9-3　Q 分类各指标及其含义

指标	含义
RQD	岩石质量指标，百分比数值
J_n	节理组数
J_r	粗糙度系数
J_a	最脆弱节理面的蚀度以及充填情况
J_w	裂隙水作用的折减系数
SRF	应力折减系数

B　支护条件

采场为避免冒顶事故通常都会采取一些支护措施，但是，支护方案的不合理以及支护受到外力作用遭到破坏，也会导致采场失稳，起不到预防的作用，导致冒顶事故的发生。程潮铁矿的地质情况极其复杂，随着时间的推移，之前采用的支护方案已经很难承受剧烈的地压活动，大部分支护遭到不同程度的破坏，很容易引发冒顶事故。支护破坏的主要形式如图 9-6 所示。

由图 9-6 可以看出，围岩状态的变化不断影响着支护。由于在巷道中的支护并非一劳永逸，并且不同巷道的支护服务年限、围岩稳定性程度有所差别，支护能力的过盈或不足，都将会提高支护的成本。因此在设计之初，对巷道的稳定性

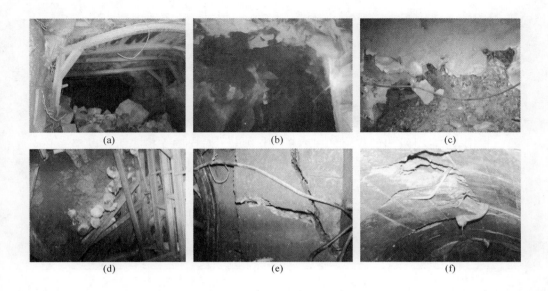

图 9-6 采准巷道破坏的主要形式

（a）顶板垮冒；（b）锚喷支护的侧帮片垮；（c）锚喷网支护的侧帮鼓裂；
（d）钢拱架支护破坏；（e）混凝土侧帮纵向开裂；（f）混凝土顶板开裂

进行分级并选择合适的支护形式和支护强度等级尤为重要。这里笔者将根据支护分级的符合程度来衡量这一风险因素。关于巷道稳定性的分级，主要考虑以下 6 个方面的因素，具体的分类参数及权值范围见表 9-4。

表 9-4 分类参数及权值样本

分类参数		权 值 范 围		
矿岩条件	岩种	矿岩接触带和断层带	闪长玢岩、石英花岗岩、闪长玢岩	闪长岩、花岗岩、块状磁铁矿
	权值	40	30	15
应力环境	分类	集中区	原岩应力区	卸压区
	权值	20	10	0
巷道服务年限	时间/a	>2	2~1	<1
	权值	10	5	0
巷道功能	类型	联巷	进路	切巷
	权值	10	5	0
地下水的影响	分类	淋雨状出水	滴状出水	潮湿
	权值	10	5	0

分类参数		权　值　范　围		
软弱结构 面产状	分类	$\alpha<30°$ $30°<\beta<75°$	$\alpha>60°$ $\beta>75°$	其他
	权值	10	5	0

注：α代表结构面走向与巷道轴向夹角，β代表的是结构面的倾角。

根据表9-4计算出的权值，在表9-5中列出了对应的支护等级，以及一些支护形式、支护参数和支护类型等。

表9-5　支护等级、参数对照表

权值	100~81	80~61	60~41	<40
支护等级	Ⅰ	Ⅱ	Ⅲ	Ⅳ
支护形式	中长锚杆喷锚网支护	锚喷网	锚喷或锚网	素喷或单锚
支护参数	1. 锚杆： 缝管摩擦锚杆： $\phi40mm\times2000mm$ 网度：0.8m×0.8m 钢筋砂浆锚杆： $\phi18mm\times1800mm$ 网度：0.9m×0.9m 中长锚杆：$\phi18mm$ $\times2300mm$ 网度：0.9m×0.9m 2. 筋网网度：$\phi6mm$ $\times200mm\times200mm$ 3. 双筋条带： $\phi8mm\times3000mm$ 4. 喷层厚：70mm 5. 钢拱架：间距1m	1. 锚杆： 弯钩钢筋锚杆： $\phi18mm\times1800mm$ 网度：0.9m×0.9m 缝管摩擦锚杆： $\phi40mm\times2000mm$ 网度：0.9m×0.9m 2. 筋网网度：$\phi6mm$ $\times250mm\times250mm$ 3. 双筋条带： $\phi8mm\times3000mm$ 4. 喷层厚：50~60mm 5. 钢拱架：间距1m	1. 锚喷： 钢筋砂浆锚杆： $\phi18mm\times1800mm$ 网度：0.8m×0.8m 喷厚：50mm 2. 锚网： 缝管摩擦锚杆： $\phi40mm\times2000mm$ 网度：0.8m×0.8m 预制网片： 规格：$\phi4mm\times1.5m$ $\times2.2m$ 网度：100mm×100mm	1. 素喷： 厚度：50mm 2. 单锚： 缝管摩擦锚杆： 网度：0.8m×0.8m 砂浆钢筋锚杆： 网度：0.8m×0.8m
适用范围	高应力区中断层破碎带经过的自稳性极差的进路或联巷、服务年限长、稳定性较差的进路与联巷交叉口等部位	高应力区中，矽卡岩、矿岩接触带等软弱围岩的中、下盘回采进路、中、下沿及交叉口等部位	1. 高应力区：上盘进路、切巷，下盘Fe_1、闪长岩进路和联巷。 2. 卸压区：矽卡岩、花岗斑岩和矿岩接触带进路和联巷	卸压区中铁矿体、闪长岩等较稳固的上盘进路和切巷

C 地压活动

剧烈地压活动会导致采场原有的应力平衡遭到破坏，这部分剧烈的地压变化，主要来源于：开采活动过程中造成的地压突然变化，爆破产生的地压突然变化以及采空区、断层和其他特殊地带产生的地压变化。这部分地压活动的特点是呈现出突发性、局部性以及周期性。很容易对原有结构面产生影响，甚至由此产生新的结构面，使围岩出现位移和变形，最终导致冒顶事故的发生。有关地压活动的监测，主要是通过对巷道断面的收敛速度和钻孔应力计来监测。

D 工程爆破

采用崩落法进行开采时，避免不了爆破作业。由于爆破落矿时，爆破的能量会以震动和冲击波的形式进行传播，这部分能量会对采场的围岩产生一定的影响。当爆破参数（譬如，布置形式、最小抵抗线、装药量）设计得不合理，将可能会使围岩出现变形和错动，影响采场的稳定性，从而引发冒顶事故。同工程爆破有关的参数，主要有以下几个方面：

（1）孔布置形式。爆破时需要在岩面进行打炮孔，炮孔的形式主要分为两种：平行布置和扇形布置。根据炮孔的形状，其崩落的矿石块度也是不一样的，经平行布置的炮孔崩落的矿石块度较扇形布置的平均。虽然如此，但平行布置的炮孔在开矿时其工作量较大，炮孔的布置重复性高且不易调整，相对而言，扇形炮孔能消化这些弊端，故程潮铁矿在采矿时多用扇形炮孔进行布置同时采用的扇形是垂直向上的。

（2）抵抗线。最小抵抗线指的是机械钻矿体时所选的钻孔直径、爆破时炸药的冲力，还包括对岩体的特性以及爆破后岩体的损坏度，这是进行爆破工作中最基础也是最为核心的参数要求之一，具体见式（9-2）：

$$W = d \sqrt{0.785\Delta\tau/(mq)} \qquad (9-2)$$

式中，d 为孔径；Δ 为装药密度；τ 为深孔装药系数；m 为深孔密集系数；q 为炸药单位消耗量。

（3）孔间距。在阐述扇形炮孔孔间距之前，要对其孔口距离和孔底距离进行区分。孔口距离的意思是以炮孔堵塞程度为距离衡量标准，计算其炮孔装药的底部到炮孔的绝对距离，这也是对炮孔内的炸药填充密集程度进行调节的重要指示，这个设计在真实的开采现场中一般不做考量。而孔底距离 a 的意思是以炮孔的深浅作为衡量标准，计算其浅孔底到深孔底之间的距离，这是本节在计算中需要进行研究的指标，故作重点描述，具体见式（9-3）：

$$a = mW \qquad (9-3)$$

式中，m 为深孔密集系数；W 为最小抵抗线。

（4）单位炸弹消耗量。影响炸弹消耗的主要因素是：炮孔的直径，炸药的配比，矿岩的爆破性以及开采宽度等。根据公式可知，当炮孔直径小、炸药配比差、岩石的抗爆性能好以及开采范围窄时，其所需要进行爆破的单位面积内的炸弹消耗量就会很高，相反情况下，炸弹消耗量就会较低。故在进行爆破前，需要计算精确的单位炸药消耗量时，除了要计算在该参数下可否将矿体岩石全都炸落，同时还要考虑所爆破的矿块有均匀适中的厚度，来降低要进行多次爆破的比例，其单位炸药消耗量按照式（9-2）计算：

$$q = Q/(WS) \tag{9-4}$$

式中，S 为一排扇形孔的崩矿面积。

（5）炮孔参数。炮孔参数主要包括：炮孔倾角、炮孔长度、炮孔装药长度、装药量、总装药量。

（6）采场结构。在对采场的结构进行优化时，主要考量 3 类矿体的状态：崩落体、放出体和残留体。一个合理的采场结构，放出体的大体形态和另外两种的总体形态大致相同。具体来说，崩落体的形态受到结构参数和爆破参数的影响。残留体的形态主要受放矿方式和散体流动参数的影响。而放出体的形态主要受到散体流动参数的影响。

当在进行回采工作时，由于放出的矿石越来越多，将导致采场暴露面积过大，可能会造成采场围岩发生形变、位移，进而引发采场失稳，引发冒顶事故。

9.1.2.3　涌水事故相关风险因素

井下涌水事故的危害主要体现在突水淹井、地表塌陷和井下泥石流 3 类情况。不管是哪一种情况，都将给企业带来经济损失，对员工带来生命伤害。在分析和井下涌水事故有关的风险因素时，主要就是识别可能或已经存在的水源，并分析其如何进入矿井并形成矿坑涌水。井下涌水的形成主要是大气降水、地表水、地下水等水源，经由断层破碎带、采掘裂缝等直接或间接途径渗入。程潮矿区的涌水情况属于比较复杂的类型，水来源多种，地质条件也相对复杂，因此与之相关的因素较多，例如地下水的储量，地下开采的进度，降雨量的大小，地表塌陷的范围等。

同涌水事故相关的风险因素主要分为以下几种。

A　大气降水

大气降水直接由矿区表面的裂隙区进入矿坑内，雨量的大小直接影响着进入裂隙区和塌陷区的水量。关于大气降水，可以从雨量直接反映和也可以从抽水量间接的反映。在暴雨季节，雨量剧增将会使矿坑涌水增加，同时抽水量也会增加。而在非暴雨季节，雨量少，矿坑的涌水就少，相应的抽水量也相应减少。

图 9-7 与图 9-8 为矿区的 2004 年暴雨季节月雨量图与暴雨季节月抽水量图。在 2004 年暴雨季节中，程潮铁矿的总体地质条件没有发生大的变化，涌水量相

关的其他因素基本不变。在此前提下，从图 9-8 和图 9-9 中可知，雨量的变化与抽水量的变化基本上是一致的，由于降雨时程的分布与洪峰的滞后问题会导致两条曲线有些许差异，但是总体来说，抽水量是随着降雨量的上升而上升，随着降雨量的减少而减少的。

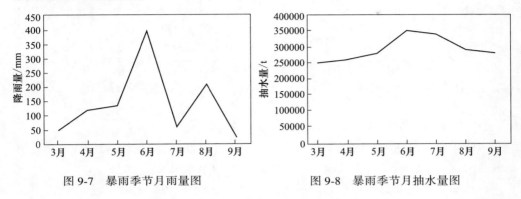

图 9-7　暴雨季节月雨量图　　　　　　　图 9-8　暴雨季节月抽水量图

　　从以上分析可得，对于程潮铁矿来说，暴雨季节涌水量与大气降水有着重要的联系，是影响它的重要因素。由于降雨实际情况也有所不同，等量的降雨量可能是一天之中较均匀地降落，也可能是短时间内降落，因而降雨强度的不同也会影响着矿坑入渗系数的不同。而未来具体降雨量及时程分布是不可预知的，可以通过多年的实际情况，分析出在各种可能的概率下的降雨量情况，总结降雨时程分布趋势，以这些基本情况为依据，来预测涌水量的大小。

　　B　汇水面积

　　开采时，由于地下水的疏干工作的影响，可能会导致地表塌陷。而在开采初期，开采设计中并没有考虑到大面积的塌陷情况，没有考虑到大气降水通过塌陷区渗透对井下涌水量的影响。而伴随着地下水的疏干和开采的深入，塌陷范围越来越大，大气降水通过塌陷区的直接渗透将成为井下涌水的主要来源之一。

　　从图 9-9 和图 9-10 可以看到，2003 年和 2004 年的降雨量相比，2004 年降雨量普遍低于 2003 年降雨量，而从抽水量对比图却可以看到，2004 年的抽水量远大于 2003 年。2004 年矿井还发生了一次大规模泥石流现象。

　　2004 年 6 月以后降雨量大幅度减小，而抽水量却没有发生减小的变化。主要原因是在此期间，东区发生了大的塌陷，泥石流之后又新增了多达 8000m² 的塌陷坑以及一些小型坑。直至现在都是如此，突然的大开口裂隙和塌陷都会增加雨水的汇集。塌陷的形成还会破坏岩石的完整性，增大入渗系数，给雨水的流通扩大通道。

　　从以上分析可知，裂隙区和塌陷区的范围大小就会影响着暴雨季节的汇水面积，从而影响着雨季进入井下的水量。可见，汇水面积的大小也是影响涌水量的一个重要因素。

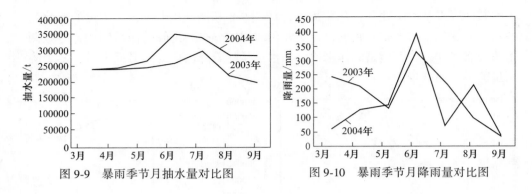

图 9-9　暴雨季节月抽水量对比图　　　图 9-10　暴雨季节月降雨量对比图

C　开采深度与开采面积

由于矿区存在大量的地下水，在开采期需要对部分地下水进行预先疏干。开采范围越大，影响半径也就越大，需要疏干的地下水也就越多。

从水文地质资料可以看到，矿区大致分为 3 个带：0m 标高以上为裂隙、溶洞充填隔水带，0~−150m 为裂隙、溶洞强含水带，−150m 以下为构造裂隙弱含水带。随着开采深度的增加，从浅含水层到隔水层再到含水层等的变化，就会让开采可能遇到突水等严重问题，因此，开采前需要对含水层进行疏干。

例如西区从 2003 年的回采开始到 2004 年基本疏干的过程。从多年的降水疏干状况可以看到，抽水量总体呈现出一个先升后降趋势，直至地下静水疏干为止，此后基本为一个稳定的地下动流值，这时候的抽水量以降雨量的大小为主要影响因素。

在这个疏水的过程中，涌水量是随着放水量的变化而变化的，当防水工程基本结束时，涌水量就不用再计算这一部分，因此，在采场进行开采时，其开采的面积和深度与地下静水容量是有相关性的：当前者加剧时，后者的涌水量是先下降然后再慢慢平缓下来，根据地下的含水情况的变化而变化。

从上一个影响因素即汇水面积的分析中可以看到，开采深度和面积还会影响矿区地表的塌陷、裂隙范围。随着深度的增加、面积的扩大，裂隙越来越大，从而使汇水面积越来越大。因此从这个方面来说，开采深度和面积的变化可以直接从塌陷区范围的变化来体现出来。在涌水量预测的时候，同时考虑到水仓的位置，因此都是分中段预测。在考虑汇水面积等其他因素的同时也就不再单独考虑开采深度和面积的因素影响。

D　入渗系数

暴雨季节汇水有多少能渗入井下成为需要抽出的涌水，这个就和入渗系数是直接相关的，入渗系数越大，每天的渗入涌水量也就越大。

在开采前，初步设计东区的入渗系数为 0.2m/d，西区的入渗系数为

0.15m/d，而-430m 水平排水系统也正是基于这个预算而设定的。但是多年的坍塌已经使通道发生变化，入渗系数大大增加，根据 1998 年的淹井实际反算，得到入渗系数为 0.35m/d。

从 2006 年开始，西区也开始出现了预计的塌陷，东区的塌陷范围也越来越大。塌陷区的增多导致了岩石的破碎、裂隙的增多，如果不加以改善，入渗系数将进一步增大。

按照目前抽水量值的推测，东区的入渗系数设为 0.35m/d 比较合适，而西区的裂隙限度较小，按起初的 0.15m/d 作为设计值。

入渗系数与表面的植被、岩层的性质、破坏的程度等因素都有关系。

E 地下水

地下水也是涌水量的一大来源，在不同的时期，开采到不同的深度，疏干放水的进度不同，地下静水的排出量也就不一样，而且变化幅度较大。

还有动水的补给，在雨季和非雨季，这个量也是有差别的。在做未来预测的时候，就要分析开采到该水平时，这些水量的合理变化，给予正确的预测。

9.1.2.4 气体中毒事故

A 气体浓度

气体中毒事故比前两类事故容易得多。它们主要是爆炸和火灾产生的烟雾和有毒气体，包括一氧化碳、氮氧化物、硫化氢和二氧化硫所产生的。

根据《矿山安全规程》，对有害气体的最高允许浓度有严格的规定，见表 9-6。

表 9-6 规定允许的有毒有害气体最高浓度

名　　称	最高允许浓度
CO	0.0024
H_2S	0.00066
SO_2	0.0005
NO_x	0.00025

B 风速

程潮铁矿关于气体的预防措施主要来自通风系统，基于此，笔者将风速度也纳入考量范围，作为衡量井下通风系统的一个有效指标，无独有偶，在《矿山安全规程》中也明确规定了井下场所的具体风速要求。其隶属度函数可用式（9-5）表示。

$$u(v) = \begin{cases} e^{0.097(v-0.5)} & \text{当 } v < 0.5 \\ 1 & \text{当 } 0.5 < v \leq 3 \\ e^{-0.0061(v-3)} & \text{当 } v > 3 \end{cases} \tag{9-5}$$

式中，v 为工作面风速，m/s。

9.2 程潮铁矿采场风险预警指标体系

9.2.1 预警指标体系的构建

本章拟对程潮铁矿崩落法开采采场的 3 类主要事故选取预警指标并依此建立程潮铁矿崩落法开采采场的风险预警指标体系。

9.2.1.1 风险指标体系构建

程潮铁矿采场风险指标体系由若干维度的多个指标组成。建立程潮铁矿崩落法开采采场的风险预警指标体系，在实际建立风险预警指标体系的过程中，并非指标越多越好。过多的风险预警指标会增加风险预警的成本，也同时会增加风险预测模型以及风险预控对策的复杂度。而过少的指标不能反映系统的整体风险状态，同时对风险预测的准确度也会产生极大的影响，可能导致误警。在此之前，需要对风险预警体系的原则进行确定。

（1）科学性。本节风险预警的对象为程潮铁矿崩落法开采采场，具体来说就是对冒顶、井下涌水和气体中毒三类主要事故的风险预警。需要通过一些客观规律和理论知识来确定和选取这些事故的风险因素，形成经验和知识互补。

（2）系统性。事实证明，在系统的临界状态，一些微小的扰动也会引起事故的发生。因此，在选取风险预警指标时，在选取一些宏观指标的同时，对于那些可能导致系统突变的微观风险指标特别需要引起注意，以满足系统性的要求。

（3）全面性。尽可能全面的包含对系统有影响的指标，需要进行完备性检验，不能凭借经验或者主观臆断随意删除某些指标。

（4）时效性。目前，大部分和矿山系统有关的指标体系，存在的一个主要问题就是指标数据获取的实效性，而要达到精准预警，需要及时、有效地对风险进行预测，相关指标应该满足预警的需求，达到实时预警，将事故扼杀在摇篮之中。

（5）动态性。程潮铁矿的采场是一个复杂和开放的耗散系统，风险因素处于不断的变化之中，因此在选取风险预警指标的时候，应该考虑到这种情况。另一方面，最初建立的指标体系，并非一劳永逸，指标体系为了更好地适应采场的状态，是在不断地更新。同时，随着对客观规律的不断加深，以使其处在动态变化之中。

9.2.1.2 程潮铁矿采场风险预警指标体系

通过前面的分析可知，程潮铁矿的采场存在风险因素非常多，该部分主要从宏观上建立了风险预警指标体系。依据现场调查结果，按照指标体系的建立原则，建立如下宏观的风险预警指标体系，由三类事故依此展开，如图 9-11 所示。

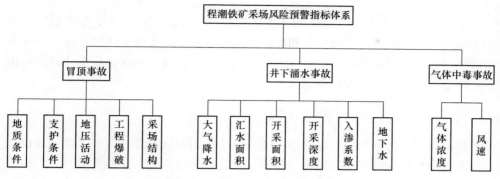

图 9-11 采场风险预警指标体系

其中，关于冒顶事故属于比较复杂的部分，关于其风险因素指标，通过第 9.1 节的分析，可以进一步进行展开，如图 9-12 所示。

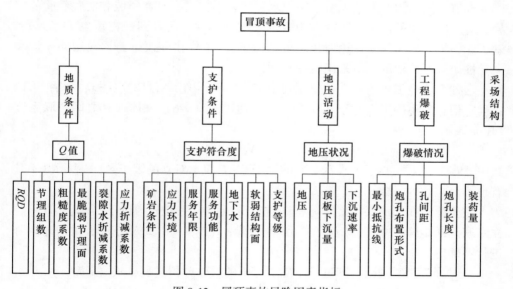

图 9-12 冒顶事故风险因素指标

基于此，关于风险因素指标体系可描述如下。其中整个采场的风险状况为一级指标，主要反映整个采场发生三类事故可能性的风险状况。针对每一类事故，构建二级指标。影响每一类事故的风险因素作为三级指标。其中，关于冒顶事故，由于其本身的复杂性，将拥有四级指标，该部分由于有些指标有固定的计算方法，此部分的权重将无须进行确定。关于风险指标体系的建立，还剩两部分内容需要进行完善，即指标权重的确定和预警区间的确定，具体的内容将依此在

9.2.2 节和 9.2.3 节进行介绍。

9.2.2　指标权重的确定

9.1 节中建立的指标体系中的三类事故相关的风险指标对系统整体的影响有很大的差别，为了能够更加科学和准确地反映各指标对系统整体的风险状态重要程度，本节将对各风险指标的权重进行确定。作者针对传统指标权重的缺点提出了一种基于集对理论的权重确定方法。

9.2.2.1　集对层次法确定权重

目前风险预警的指标数据信息主要来源于工程地质报告、国家法律法规以及事故案例分析报告等资料以及现场检测和各类传感器实时采集的数据。

程潮铁矿的采场是一个相对比较复杂的系统，各指标之间的相对重要性是不确定的，需要根据专家的实际经验将其转化为确定的，对于这类问题，常用层次分析法（AHP）来解决。然而传统的 AHP 确定权重存在很大的主观随意性。不同的专家对同一问题的认识由于知识水平、思维方式、研究领域和实践经验的差异，造成所构建的评价矩阵存在很大的主观随意性，所得到的权重也千差万别。基于此，笔者利用集对理论对传统的 AHP 进行了优化和改进，旨在用同一性和差异性矩阵所构建的集对来确定一种动权。

这种方法最主要的特点就是找到确定信息和不确定信息的联系。因此，可以将确定信息和不确定信息组成一个集对，通过式（9-6）来体现其之间的联系度（用 u 表示）：

$$u = S/N + (F/N)i + (P/N)j \tag{9-6}$$

式中，N 表示因子总数；S 表示共有的因子数；P 表示对立的因子数；F 表示既不共有也不对立的因子数。

鉴于此，在利用层次集对分析法进行分析时，主要分为以下两步：（1）建立专家判断矩阵，并进行矩阵的一致性检验；（2）采用集对分析法对判断矩阵进行不确定分析。

集对分析法对判断矩阵进行不确定分析的具体分析过程见式（9-7）。

记评价指标集为 $X = \{X_k\}(k = 1, 2, \cdots, n)$，$r$ 为专家组成员数量。因此，利用 AHP 构造的判断矩阵记为 $M_{zkl} = (z = 1, 2, \cdots, r; k = 1, 2, \cdots, n; l = 1, 2, \cdots, n)$。

$$M_{zkl} = \begin{bmatrix} x_{z11} & x_{z12} & \cdots & x_{z1n} \\ x_{z21} & x_{z22} & \cdots & x_{z2n} \\ \vdots & \vdots & \vdots & \vdots \\ x_{zn1} & x_{zn2} & \cdots & x_{znn} \end{bmatrix} \tag{9-7}$$

式中，z 表示对应的专家组成员。在确定指标间的相对重要性时，各专家可能会存在不同的认识，但很难出现完全相反的情况，所以联系度 c 可记为 0，专家评判的意见，可简记为 $u = a + bi$。因此相对重要性的联系度模型 u_{qkl} 可用式 (9-8)：

$$u_{qkl} = A_{kl} + B_{kl}i = \begin{bmatrix} a_{11} & a_{12} & \cdots & a_{1n} \\ a_{21} & a_{22} & \cdots & a_{2n} \\ \vdots & \vdots & \vdots & \vdots \\ a_{n1} & a_{n2} & \cdots & a_{nn} \end{bmatrix} + \begin{bmatrix} b_{11} & b_{12} & \cdots & b_{1n} \\ b_{21} & b_{22} & \cdots & b_{2n} \\ \vdots & \vdots & \vdots & \vdots \\ b_{n1} & b_{n2} & \cdots & b_{nn} \end{bmatrix} i \quad (9\text{-}8)$$

式中，A_{kl} 和 B_{kl} 分别对应同一性和差异性矩阵。

A_{kl} 和 B_{kl} 中的 a_{kl}、b_{kl} 分别可用式 (9-9) 和式 (9-10) 计算：

$$a_{kl} = \begin{cases} \min_z\{x_{zkl}\} & \text{当 } x_{zkl} \geqslant 1 \\ \max_z\{x_{zkl}\} & \text{当 } x_{zkl} < 1 \end{cases} \quad (9\text{-}9)$$

$$b_{kl} = \begin{cases} \left| \max_z\{x_{zkl}\} - \min_z\{x_{zkl}\} \right| & \text{当 } x_{zkl} \geqslant 1 \\ (-1)\left| \max_z\{x_{zkl}\} - \min_z\{x_{zkl}\} \right| & \text{当 } x_{zkl} < 1 \end{cases} \quad (9\text{-}10)$$

式中，a_{kl} 和 b_{kl} 分别表示不同专家对指标重要性认识的同一性和差异性。因为 $x_{zkl} = \dfrac{1}{x_{zkl}}$，所以 $a_{lk} = \max\{x_{zkl}\} = \dfrac{1}{\min\{x_{zkl}\}}$，即 $a_{kl} = \dfrac{1}{a_{lk}}$。

对于指标权重向量矩阵 $D_{kl} = (d_{kl})$ 的计算，需要先对 A_{kl} 使用相容矩阵法进行运算。指标权重向量矩阵中元素可用式 (9-11) 计算：

$$d_{kl} = \sqrt[n]{\prod_{p=1}^{n} a_{kp} \cdot a_{pl}} \quad (9\text{-}11)$$

指标权重 w_k 可用式 (9-12) 计算：

$$w_k = \frac{c_k}{\displaystyle\sum_{s=1}^{n} c_s}, \quad (k = 1, 2, \cdots, n) \quad (9\text{-}12)$$

式中，$c_s = \sqrt[n]{\prod_{l=1}^{n} d_{kl}}$。

差异度系数 i 的取值为 0 到 1，该系数决定了该权重是可以动态变化的，其取值决定了动权的变化波动大小，伴随着人们对事故演化规律认识日益增长，i 的变化范围也会逐渐缩小，进而导致权重的变化幅度也逐渐变小，久而久之，这种不确定性明显的指标将不断地向相对确定的指标不断转化，正好符合人类对复杂客观事物的认识规律。通过以上的具体分析，采用这种层次集对分析法在消除指标权重确定的主观随意性方面有着一定的优势。

9.2.2.2 实例分析

权重的确定，以冒顶事故为例进行分析，首先，咨询了 6 名专家，按照专家们的经验知识，给出了地质条件、支护条件、地压活动、工程爆破和采场结构这 5 个指标之间的相对重要性关系。经整理，得出了代表专家团意见的 6 个矩阵，如图 9-13 所示。

$$
M_{1kl} = \begin{bmatrix} 1 & 3 & 4 & 3 & 4 \\ \frac{1}{3} & 1 & \frac{1}{2} & 2 & 2 \\ \frac{1}{4} & 2 & 1 & 3 & 3 \\ \frac{1}{3} & \frac{1}{2} & \frac{1}{3} & 1 & 3 \\ \frac{1}{4} & \frac{1}{2} & \frac{1}{3} & \frac{1}{3} & 1 \end{bmatrix}, \quad
M_{2kl} = \begin{bmatrix} 1 & 5 & 4 & 3 & 5 \\ \frac{1}{5} & 1 & \frac{1}{2} & 2 & 2 \\ \frac{1}{4} & 2 & 1 & 4 & 3 \\ \frac{1}{3} & \frac{1}{2} & \frac{1}{4} & 1 & 3 \\ \frac{1}{5} & \frac{1}{2} & \frac{1}{3} & \frac{1}{3} & 1 \end{bmatrix}, \quad
M_{3kl} = \begin{bmatrix} 1 & 4 & 4 & 3 & 5 \\ \frac{1}{4} & 1 & \frac{1}{2} & 1 & 2 \\ \frac{1}{4} & 2 & 1 & 4 & 3 \\ \frac{1}{3} & 1 & \frac{1}{4} & 1 & 3 \\ \frac{1}{5} & \frac{1}{2} & \frac{1}{3} & \frac{1}{3} & 1 \end{bmatrix}
$$

$$
M_{4kl} = \begin{bmatrix} 1 & 3 & 2 & 3 & 3 \\ \frac{1}{3} & 1 & \frac{1}{2} & 2 & 2 \\ \frac{1}{2} & 2 & 1 & 3 & 3 \\ \frac{1}{3} & \frac{1}{2} & \frac{1}{3} & 1 & 3 \\ \frac{1}{3} & \frac{1}{2} & \frac{1}{3} & \frac{1}{3} & 1 \end{bmatrix}, \quad
M_{5kl} = \begin{bmatrix} 1 & 3 & 2 & 3 & 5 \\ \frac{1}{3} & 1 & \frac{1}{2} & 1 & 3 \\ \frac{1}{3} & 2 & 1 & 4 & 3 \\ \frac{1}{3} & 1 & \frac{1}{4} & 1 & 3 \\ \frac{1}{5} & \frac{1}{3} & \frac{1}{3} & \frac{1}{3} & 1 \end{bmatrix}, \quad
M_{6kl} = \begin{bmatrix} 1 & 3 & 3 & 3 & 3 \\ \frac{1}{3} & 1 & \frac{1}{2} & 2 & 3 \\ \frac{1}{3} & 2 & 1 & 4 & 5 \\ \frac{1}{3} & \frac{1}{2} & \frac{1}{4} & 1 & 3 \\ \frac{1}{3} & \frac{1}{3} & \frac{1}{5} & \frac{1}{3} & 1 \end{bmatrix}
$$

图 9-13 代表专家团意见矩阵

根据专家组的意见，利用传统的 AHP，记得到层次分析结果为：GRO，SUP，PRE，EXP 和 STR。这些矩阵之间的一致性检验主要观察的参数包括，矩阵一致性指标（通常记为 CI），平均随机一致性指标（通常记为 RI）以及随机一致性比（通常记为 CR）。对于 5 阶矩阵，查表可知 RI 为 1.12，这个值是经过 1000 次正互反矩阵计算得到的。一致性检验的结果，见表 9-7。

表 9-7 一致性检验结果统计表

评判矩阵	λ_{max}	CI	CR
M_{1kl}	5.361	0.090	0.08067
M_{2kl}	5.318	0.080	0.07106
M_{3kl}	5.241	0.060	0.05378
M_{4kl}	5.276	0.069	0.06164
M_{5kl}	5.177	0.044	0.03944
M_{6kl}	5.357	0.089	0.07975

由表 9-7 一致性检验结果可知，CR 均小于 0.1，因此整体上来看，都具有满意的一致性。同时，运用式（9-9）和式（9-10）可得同一性矩阵和差异性矩阵如下所示：

$$
A_{kl} = \begin{bmatrix} 1 & 3 & 2 & 3 & 3 \\ \dfrac{1}{3} & 1 & \dfrac{1}{2} & 2 & 2 \\ \dfrac{1}{2} & 2 & 1 & 3 & 3 \\ \dfrac{1}{3} & \dfrac{1}{2} & \dfrac{1}{3} & 1 & 2 \\ \dfrac{1}{3} & \dfrac{1}{2} & \dfrac{1}{3} & \dfrac{1}{2} & 1 \end{bmatrix}, \quad B_{kl} = \begin{bmatrix} 0 & 2 & 2 & 0 & 2 \\ \dfrac{2}{15} & 0 & 0 & 1 & 1 \\ \dfrac{1}{4} & 0 & 0 & 1 & 2 \\ \dfrac{1}{3} & \dfrac{1}{2} & \dfrac{1}{12} & 0 & 1 \\ \dfrac{1}{5} & \dfrac{1}{6} & \dfrac{2}{15} & \dfrac{1}{6} & 0 \end{bmatrix}
$$

其中，A_{kl} 为同一性矩阵，B_{kl} 为差异性矩阵。接下来对 A_{kl} 做一致性处理，得到相容性矩阵，D_{kl} 如下所示：

$$
D_{kl} = \begin{bmatrix} 1.000 & 2.408 & 1.431 & 3.446 & 4.547 \\ 0.415 & 1.000 & 0.594 & 1.431 & 1.888 \\ 0.699 & 1.684 & 1.000 & 2.408 & 3.178 \\ 0.290 & 0.699 & 0.415 & 1.000 & 1.320 \\ 0.220 & 0.530 & 0.315 & 0.758 & 1.000 \end{bmatrix}
$$

根据 $c_s = \sqrt[n]{\prod\limits_{l=1}^{n} d_{kl}}$，可得，$c_s = (2.221, 0.922, 1.552, 0.644, 0.489)$，因此，可以算得冒顶事故的三级指标权重为：

$$
w_k = (w_1, w_2, w_3, w_4, w_5)^{\mathrm{T}} = (0.381, 0.158, 0.266, 0.111, 0.084)^{\mathrm{T}}
$$

另一方面，考虑到专家的差异性，差异度系数可以在 0 到 1 取值，由于专家组成员之间的差异度较小，这里可以取差异度系数为 0.5。同一性矩阵可变为：

$$
A'_{kl} = \begin{bmatrix} 1.000 & 4.000 & 3.000 & 3.000 & 4.000 \\ 0.400 & 1.000 & 0.500 & 2.500 & 2.500 \\ 0.625 & 2.000 & 1.000 & 3.500 & 4.000 \\ 0.500 & 0.750 & 0.375 & 1.000 & 2.500 \\ 0.433 & 0.583 & 0.400 & 0.583 & 1.000 \end{bmatrix}
$$

利用矩阵相容法进行一致性处理，可得相容矩阵 D'_{kl}。

$$
D'_{kl} = \begin{bmatrix} 1.508 & 3.471 & 2.005 & 4.663 & 6.787 \\ 0.584 & 1.343 & 0.776 & 1.804 & 2.627 \\ 0.989 & 2.277 & 1.315 & 3.059 & 4.453 \\ 0.453 & 1.042 & 0.602 & 1.400 & 3.230 \\ 0.317 & 0.729 & 0.421 & 0.979 & 1.426 \end{bmatrix}
$$

同理，可求得 $c_s = (3.193, 1.236, 2.095, 1.051, 0.671)$，因此，可以算得对应的指标权重为：$w_k = (w_1, w_2, w_3, w_4, w_5)^{\mathrm{T}} = (0.387, 0.150, 0.254,$

$0.127,\ 0.081)^{\mathrm{T}}$。

9.2.2.3　风险预警指标体系权重确定

同上述计算过程，可计算出该风险预警体系的各指标权重，具体的权重汇总，见表 9-8 至表 9-10。

（1）冒顶事故。冒顶事故指标权重汇总见表 9-8。

表 9-8　冒顶事故指标权重汇总

指标	地质条件	支护条件	地压状况	工程爆破	采场结构
权重	0.387	0.150	0.254	0.127	0.081

（2）井下涌水。井下涌水事故指标权重汇总见表 9-9。

表 9-9　井下涌水事故指标权重汇总

指标	大气降水量	汇水面积	开采情况	入渗系数	地下水
权重	0.351	0.297	0.054	0.081	0.216

（3）气体中毒。气体中毒事故指标权重汇总见表 9-10。

表 9-10　气体中毒事故指标权重汇总

指标	CO	H_2S	SO_2	NO_x	风速
权重	0.164	0.172	0.218	0.185	0.207

（4）采场整体风险状况。二级指标对应的权重信息见表 9-11。

表 9-11　二级指标权重汇总

指标	冒顶事故	井下涌水事故	冒顶事故
权重	0.392	0.321	0.287

9.2.3　风险预警区间的确定

在 9.2.2 节确定了风险指标的权重，在本节中将解决该预警指标体系中的最后一个问题，风险预警区间的确定。通过之前的介绍，该预警指标体系的指标和权重已经进行了确定。通过指标数据和权重，将可以确定二级指标和一级指标的具体的风险值。本节旨在确定不同的警度对应的风险值区间。

9.2.3.1　预警警度的确定

对于风险事故的预警，按照 4 种状态，通常将其划分为：特别严重、严重、较重、一般和正常。分别对应红、橙、黄、蓝和绿 5 种颜色级别作为预警的信号，并依此确定了 5 个警度，见表 9-12。

表 9-12 预警警度信息表

状　态	警　度	颜色信号
特别严重	I	红
严重	II	橙
较重	III	黄
一般	IV	蓝
正常	V	绿

9.2.3.2 预警区间确定

根据上面的 5 个警度，需要确定与其对应的预警区间。具体来说，就是对一级指标和二级指标的风险值进行区间划分，分别对应 5 类不同的警度和预警级别。由于崩落法开采是依据不同水平段周期性的向深部进行开采，对应的风险大体上呈现周期性的上下起伏波动，其风险值对应的是不同的区间。其出现警情和正常状态下对应的风险值均非固定值。鉴于此，笔者拟采用 3σ 准则对预警区间进行确定。

在正态分布中，数值分布在 $(\mu - 3\sigma, \mu + 3\sigma)$ 的概率为 0.9974。相比于 σ 和 2σ 所对应的概率 0.6826 和 0.9544，要大很多。随机误差落在 $\pm 3\sigma$ 之外的概率仅有 0.27，是可以接受的。

在目前程潮铁矿开采的过程中，绝大部分的时间都是处于正常状态，风险值出现极端值的情况极小。依此，将 $(-\infty, \mu + \sigma)$ 设为正常值，符合目前程潮铁矿采场的风险变化规律。另一方面考虑到，采场事故的发生概率相比较于其他区域，风险还是相对较高，其波动起伏变化的范围还是较大，因此，略小于 2σ，笔者将其他 4 类警度在 $(\mu + \sigma, \mu + 2\sigma)$ 范围内进行划分。其发生的概率也符合采场的实际情况，因此，可确定不同警度对应的预警区间，见表 9-13。

表 9-13 预警区间信息表

状　态	警　度	预警区间
特别严重	I	$(\mu + 1.75\sigma, +\infty)$
严重	II	$(\mu + 1.5\sigma, \mu + 1.75\sigma)$
较重	III	$(\mu + 1.25\sigma, \mu + 1.5\sigma)$
一般	IV	$(\mu + \sigma, \mu + 1.25\sigma)$
正常	V	$(-\infty, \mu + \sigma)$

对应的正态分布曲线示意图，如图 9-14 所示。

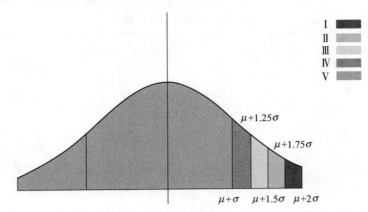

图 9-14　程潮铁矿采场风险值正态分布曲线

图 9-14 中，μ 代表均值，σ 代表标准差。以冒顶事故为例，由 9.2.2 节确定的指标权重，可得冒顶事故对应的二级指标风险值为：

$$MD = 0.387 \times GRO + 0.15 \times SUP + 0.254 \times PRE + 0.127 \times EXP + 0.081 \times STR$$
$$(9\text{-}13)$$

式中，MD、GRO、SUP、PRE、EXP、STR 见表 9-14。

表 9-14　冒顶事故风险预警指标归一化数据

样本编号	MD	GRO	SUP	PRE	EXP	STR
1	0.515	0.756	0.763	0.301	0.048	0.319
2	0.393	0.928	0.083	0.068	0.017	0.021
3	0.704	0.650	0.894	0.862	0.525	0.402
4	0.484	0.415	0.941	0.449	0.427	0.177
5	0.538	0.340	0.728	0.742	0.797	0.09
6	0.249	0.324	0.021	0.260	0.259	0.266
7	0.304	0.413	0.395	0.0063	0.550	0.174
8	0.302	0.438	0.010	0.1157	0.517	0.450
9	0.512	0.510	0.825	0.523	0.251	0.321
10	0.444	0.117	0.833	0.745	0.557	0.172
μ	0.445	0.411	0.884	0.679	0.102	0.302
σ	0.129	0.221	0.362	0.290	0.234	0.128

表 9-14 中，MD 的取值范围为 0 到 1，因此，可得冒顶事故的风险预警区间见表 9-15。

表 9-15　冒顶事故风险预警区间

状　　态	警　　度	预警区间
特别严重	I	(0.67，1)
严重	II	(0.638，0.67]
较重	III	(0.606，0.638]
一般	IV	(0.574，0.606]
正常	V	(0，0.574]

同理可得，井下涌水事故的风险预警区间和气体中毒事故的风险预警区间如见表 9-16 和表 9-17。

表 9-16　井下涌水事故风险预警区间

状　　态	警　　度	预警区间
特别严重	I	(0.592，1)
严重	II	(0.564，0.592]
较重	III	(0.536，0.564]
一般	IV	(0.508，0.536]
正常	V	(0，0.508]

表 9-17　气体中毒事故风险预警区间

状　　态	警　　度	预警区间
特别严重	I	(0.693，1)
严重	II	(0.655，0.693]
较重	III	(0.579，0.655]
一般	IV	(0.541，0.579]
正常	V	(0，0.541]

9.3　程潮铁矿采场风险预警机制

9.3.1　预警机制概述

9.3.1.1　预警机制

预警的意思是依据市场所得的实践数据和理论方法，对未来风险进行预测，并根据预测结果发出警示信号，给企事业和个人单位提供预备信息，来提前预防事故的发生。预警概念最早出现在军事领域，例如，长城的烽火台，"二战"期间的马奇诺防线的主要作用，就是为人们提供预警。随后，预警机制的建立更具有社会意义也具有良好的泛化性，在环境、安全等领域内都起到预防的作用。

程潮铁矿采场风险的预警主要是通过建立风险预警指标体系，通过相关理论分析和评判各种风险，确定系统的风险状态，通过划分不同的风险等级，当系统指标达到临界状态时，发出相应的警示，安全管理人员提前采取管控措施，确保系统始终处于安全运转的轨道上。

程潮铁矿的预警机制主要体现在监控、预警、纠错、免疫和反馈五个方面。具体来说就是一种以监控作为基础，通过一些预警手段和反馈机制，实现纠错和免疫目的的预警机制。

9.3.1.2　风险预警过程

程潮铁矿采场的预警基本过程包括：数据采集、监控、识别、警情评判、预警、预控、预测等过程。具体运行过程，如图 9-15 所示。

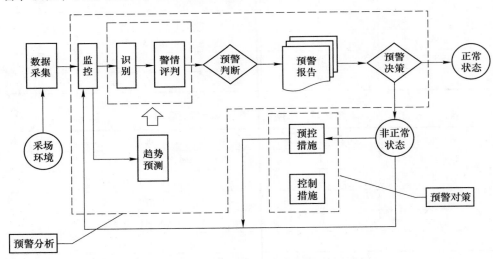

图 9-15　金属非金属矿山风险预警运行过程

由图 9-15 可以清晰地看出整个风险预警的过程，主要包括两个部分，即预警分析和预警对策。整个预警机制都是围绕这两个部分展开。针对这两个部分，笔者欲将内容进行延伸，主要对该预警机制中的核心难点问题进行深入研究，为以下两点内容：

（1）风险预测，因为预警的前提就是通过合理的预测算法，对未来事物的发展趋势和状态的分析，将是研究的核心和难点。

（2）针对预警，同时需要制定相应的预警对策。而预警对策的制定并非一日之工，需要大量的实践经验和理论支撑，基于此，笔者拟对预警对策知识库进行研究，提升采场风险预警的智能性和有效性。

9.3.2　风险预测

9.3.2.1　风险预测概述

首先介绍预警机制中的第一个核心难点，风险预测。主要是指通过一定的预测算法，将9.2节预警指标体系中一些预警指标作为模型算法的输入，对模型进行训练。关于预测，最主要和困难的就是模型的选取，本节主要对常规预测模型建立的流程进行介绍，并通过对比常用预测算法在不同领域的应用情况，为第9.4节风险预测的仿真抛砖引玉。

9.3.2.2　构建预测模型的流程

风险预测值的计算，实际上就是找到合理的算法模型来计算风险值。根据历史经验可知，绝大多数的预测值的计算都可以归结于函数逼近问题。它主要包括两种类型的变量：要预测的变量和用来预测的变量。

这类问题通常需要从带有标记的历史样本集合中开始研究。通过算法模型的准确度来衡量模型的好坏。构建这类模型的一般步骤如下：

（1）将数据集拆分成训练集和测试集。

（2）提取或组合预测所需要的特征。

（3）对训练集的特征向量进行训练。

（4）对测试集上的性能表现进行评估。

实际上模型的训练和性能评估会发生多次迭代，具体的迭代流程，如图9-16所示。

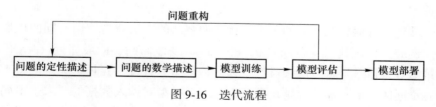

图9-16　迭代流程

9.3.2.3　风险预测模型类比

预测的算法和模型很多，但并非所有的模型和算法都是合理有效的。本节主要在前人研究的基础上，对现有的预测算法进行研究，旨在寻找一种或多种行之有效的方法，应用于程潮铁矿采场的风险预测中，为准确的预警提供更可靠的计算。并在9.4节中对这类预测算法进行仿真模拟实验。

笔者使用了各种不同的算法来构建预测模型，并对这些预测模型在测试集中的效果进行了性能打分。表 9-18 总结了在不同领域的数据集中不同算法的性能表现并进行排序。

表 9-18　算法性能比较

数据集 算法	Covt	LTR	SLAC	MG	CALHOUS	COD	BACT
提升决策树	1, 2	1			1, 2	1, 2	2, 5
随机森林	4, 5		1, 2, 3	2, 4, 5	5		
投票决策树	3		4, 5	1, 3	3, 4	3, 4, 5	1, 3, 4
逻辑回归							
其他		SVM, KNN					

由表 9-18 可以看出性能排名前五的算法中，有 3 个属于集成算法。最新的研究表明，在更大规模的数据集部分，提升决策树和随机森林的表现仍然表现不俗。鉴于此，笔者主要选择集成算法作为程潮铁矿风险预测的主要研究算法，并希望通过 9.4 节的实验，选择最合适的算法对风险预测值进行计算。

9.3.2.4　集成算法

集成算法指的是当各个算法之间是独立存在的，算法之间具有相似性，则可以将这多个算法结合在一起，这样的集成化的算法的计算结果会高于单个算法。如果一个分类器以 55% 的概率可以给出正确的结果，这样的分类器只能是中等水平。但是如果拥有 100 个这样的分类器，则大多数分类器的结果都正确的概率可以上升到 82%。

一种获取近似相互独立的多个集成化的算法的方法就是使用不同的机器学习算法。例如，可以利用支持向量机（SVM）、线性回归、K 最邻近（KNN）、二元决策树等。但是这种方法很难产生大量的模型，且过程冗长乏味，因为不同的模型有不同的参数，需要分别调参，而且每个模型对输入数据的要求也不同，因此每个模型需要分别编码，模型一多就远远不能满足要求。

集成方法是由两层算法组成的层次架构。底层的算法叫做基学习器。基学习器是单个机器学习算法，这些算法后续会被集成到一个集成算法中，目前上层算法主要有：投票（bagging）、提升（boosting）等。有很多算法都可以用作基学习器，如二元决策树、支持向量机，其中，二元决策树的应用最为广泛。笔者在 9.4 节的实验部分，通过 3 组对比实验对比 4 种集成算法的性能，并根据结果选择合适的集成算法。

9.3.3 风险预警对策知识库

9.3.3.1 采场风险预警知识的获取

由于程潮铁矿采场的复杂性，必须采用不同的方法对各个生产环节进行分析和预警。根据这一特点在建立预警对策知识库时，应该采用会谈式知识获取方式。

首先，按照目前采场对冒顶、井下涌水和气体中毒3类事故防治的实际步骤，将知识进行对应的拆解，并形成合理的知识体系。

其次，收集同事故预防知识相关的资料，将每一类事故对应的知识具象化。并写出其具体的演算过程和评估基准。

最后，将草案提交专家审阅，与该领域的专家进行访谈，商榷评估方案和设计过程，将优化后的结果作为预警对策知识库的内容，并在后面的两个步骤中重复使用草案分析等方式来获取不同事故类型所对应的知识。整个知识获取过程，如图5-4所示。

9.3.3.2 风险预警知识的表示

由于传统知识表示方法的局限性，笔者将引入面向对象的知识表示法，即用计算机科学中的面向对象相关知识，譬如：类、对象等来表示知识，或以抽象的数据为知识基础，并结合封装等特性，将复杂的知识对象的静态或动态的行为特征进行阐述。

一般步骤是：依据所研究的知识领域，分析出其包含的对象，并把与其相似的操作和基本属性的随想合为同类对象，由此生成底层类表示。纵向角度指的是自下向上抽取对象，并将其相同的共同属性的底层类再次抽取相应的公告属性，既而产生父类；横向角度指的是将各个对象之间进行关联，既而产生对象模型，其一般定义，如图5-5所示。

基于面向对象的知识表示形式，再结合程潮铁矿采场的知识特点和在实际中的应用方案，本节提出了基于面向对象知识表示法的知识库模型。

（1）面向对象产生式规则的表示。面向对象产生式规则的表示，如图5-6所示。

图5-6中，英文单词 Rule 表示规则名称，单词 Pre 表示对应的前提链，单词 Con 表示对应的结论链；单词 Next 为指向下一条规则的指针。

在实验过程中，需将 Pre、Con、相关建议以及 Rule 的推理表示为 Rule 类，把 Rule 表示为 Rule 类的对象，将这类对象集成到一起，最终形成 Rule 库，规则类的方法定义了不同的操作。具体结构如图5-7所示。

上述具体结构，笔者拟用 Python 语言进行定义（见图9-17）：

```
class rulelist (object):      //链表类
    def_init_(self, pre, con, next):
           self.pre = pre        //前提
           self.con = con        //结论
           self.next = next      //规则链表后继指针


class Rule (object):      //规则类
    def_init_(self, rule, pre, con, adv, next):
           self.rule = rule      //规则名
           self.pre = pre        //前提链
           self.con = con        //结论链
           self.adv = adv        //建议
           self.next = next      //规则链表后继指针
           self.cf = cf    //可信度因子
    def GetRule (obj):
        //获取规则名
    def RValue ();
        //规定规则的阈值
    def RClass ();
        //条件所属类别
    def CValue ();
        //同一类别内的阈值
    def Advise ();
        //对策和建议
```

图 9-17　Python 库的具体结构

（2）面向对象的事实表示。当表示事实用面向对象方法时，其对应的事实库所在的结构也会发生改变，具体如图 5-9 所示。

事实类定义，如图 5-10 所示。

对于事实库而言，从结构上看事实库是链表结构，单个事实则是该链表中的单个结点，事实库中的关键字则是事实号，Rule 库中的 Rule 与事实库发生联系是通过事实号来实现的，具体结构如图 5-11 所示。

对于事实链而言，其节点有且仅有两个数据面，分别是事实号和下一个节点指针走向的指针，具体说明如图 5-12 所示。

9.3.3.3　程潮铁矿风险预警对策知识库的建立

程潮铁矿风险预警对策知识库将采用关系型数据库 MySQL 建立。与之不同的是，事实库里所构建的事实表是用来存储偏事实的知识，而偏存储启发性知识则是在 rule 库中，用 pro 列表、con 列表、rule 表以及 seg 表来表示。

（1）规则库的建立。规则库中的前提列表用于存储规则和知识的前提部分，由 3 个字段组成（preNumber，premise，matchSign），设置前提号 preNumber 作为前提列表的主键。前提列表的结构见表 9-19。

表 9-19　前提表

字段名称	数据类型	备　注
preNumber	int	前提编号，主键
premise	char	前提的自然语言描述
matchSign	boolean	匹配标志，true 表示匹配成功，false 表示未匹配成功

结论表用于存储规则和知识的结论部分，由 3 个字段组成（conNumber，conclusion，confidence），设置结论号 conNumber 作为结论列表的主键。结论列表的结构见表 9-20。

表 9-20　结论表

字段名称	数据类型	备　注
conNumber	int	结论编号，主键
conclusion	char	结论的自然语言描述
confidence	double	可信度，表示规则强度，取值在 [0，1] 之间

建议表用来存储相关的建议部分，由 2 个字段组成（advNumber，advice），设置议号 Adv Number 作为建议表的主键。建议表的结构见表 9-21。

表 9-21　建议表

字段名称	数据类型	备　注
advNumber	int	建议编号，主键
advice	char	建议的自然语言描述

规则表用于存储规则的基本信息，由 9 个字段组成（ruleNumber，rule，prenumber，conNumber，factNumber，advNumber，RuleRank），设置规则号 ruleNumber 作为规则表的主键。规则表的结构见表 9-22。

表 9-22　规则表

字段名称	数据类型	备　注
ruleNumber	int	规则编号，主键
rule	char	建议的自然语言描述

字段名称	数据类型	备　注
preNumber	int	前提标号，外键
conNumber	int	结论编号，外键
factNumber	int	事实编号，外键
advNumber	int	建议编号，外键
RuleRank	double	规则级别，在 [0，10] 之间

（2）事实库的建立。事实表用来存储事实性知识，如当前采场状况以及对其进行推断的结论。事实表由 2 个字段组成（factNumber，factName），设置事实号 factNumber 作为事实表的主键。事实表的结构见表 9-23。

表 9-23　事实表

字段名称	数据类型	备　注
factNumber	int	事实编号，主键
factName	char	事实的自然语言描述

在本节中，笔者用组合的规则元素去表达前面提到的产生式规则，并按照事实表的结构规范将各个规则元素进行书写，接着将数据结构中主键以及外键之间的相关性作为依据，对拆分的规则元素进行新一轮的连接并生成原来的产生式规则的数据结构。在新建的预警对策知识库中各个数据表间以主键、外键进行连接后的关系如图 5-13 所示。

9.4　程潮铁矿风险预测仿真与结果分析

9.4.1　数据集及特征集

9.4.1.1　程潮铁矿采场风险数据集

数据集来源于现场调研、研究报告以及现场采集的数据，并经由笔者整理。数据集主要由三部分组成，即笔者研究的冒顶、井下涌水、气体中毒 3 类事故。

数据集与冒顶事故相关的属性信息见表 9-24 至表 9-29。

表 9-24　Q_classify.csv

列　名	属性信息
level	水平
exploratory_line	勘探线

列　名	属性信息
position	位置
RQD	岩石质量指标，百分比数值
J_n	节理组数
J_r	粗糙度系数
J_a	最脆弱节理面的蚀度和充填情况
J_w	裂隙水作用的折减系数
SRF	应力折减系数

表 9-25　support_condition. csv

列　名	属性信息
rock_condition	矿岩条件，矿岩接触带、矽卡岩、断层带-40；闪长玢岩、石英花岗岩、闪长玢岩-30；闪长岩、花岗岩、块状磁铁矿-15
f	应力环境，应力集中区-20；原岩应力区-10；卸压区-0
year	服务年限，大于两年-10；一到两年-5；小于一年-0
function	服务功能，联巷-10；进路-5；切巷-0
ground_water	地下水，淋雨状出水-10；滴状出水-5；潮湿-0
weak_structural	软弱结构面产状
score	上述指标综合得分
support_level	支护等级分为：Ⅰ、Ⅱ、Ⅲ、Ⅳ
is_satisfy	支护等级和综合得分是否匹配，1 为匹配，0 为不匹配。匹配规则：100~81-Ⅰ；80~61-Ⅱ；60~41-Ⅲ；<40-Ⅳ

表 9-26　ground_pressure. csv

列　名	属性信息
level	水平
position	位置
distance	距工作面的距离
f	钻孔压力计读数

表 9-27　roadway_convergence. csv

列　名	属性信息
id	进路编号
level	水平

列　名	属性信息
position	位置
squat	顶板下沉量
time	时间
V	下沉速率

表 9-28　blasting_parameters. csv

列　名	属性信息
position	位置
W	最小抵抗线
layout	炮孔布置形式
hole_width	孔间距
Q	单位炸药消耗量

表 9-29　hole_parameters. csv

列　名	属性信息
hole_id	炮孔编号
L1	炮孔长度
L2	炮孔装药长度
Charge	装药量
total_charge	总装药量

该数据集与井下涌水事故相关的属性信息见表 9-30。

表 9-30　mine_water_disaster. csv

列　名	属性信息
rain	大气降水
catchment_area	汇水面积
mining_depth	开采深度
mining_area	开采面积
Infiltration_coefficient	入渗系数
ground_water	地下水

该数据集与气体中毒事故相关的属性信息见表 9-31。

表 9-31 mine_gas_disaster. csv

列　　名	属性信息
carbon monoxide	CO 浓度
hydrogen_sulfide	H_2S 浓度
sulfur_dioxide	SO_2 浓度
nitrogen_oxide	NO_x 浓度
wind_speed	风速

由于部分风险指标采集困难，主要的数据集规模较小。但不影响对该类事故的研究。据统计，冒顶事故样本共计 400 组，井下涌水事故 308 组，关于气体中毒事故程潮铁矿的采场发生的概率极小，并且该类事故主要判别的风险因素为各类有毒有害气体的浓度，针对此，可以根据相应的国家标准进行预警的阈值选取，关于中毒事故的预测将不在本次实验的研究范围之内。

9.4.1.2 构建风险预测模型的特征集

该部分主要介绍特征集的构造，这里主要介绍冒顶事故，主要提取出 5 个特征作为预测冒顶事故的特征集，见表 9-32。

表 9-32 冒顶事故预测模型特征集

列　　名	属性信息
Q_value	反映地质条件
support	支护符合度
ground_pressure	地压状况
explosions	爆破情况
structure	采场结构合理度

针对井下涌水事故，仍然提取表 9-30 中的 6 个特征作为预测井下涌水事故的特征集。同样，提取表 9-31 中的 5 个特征作为预测气体中毒事故的特征集。

9.4.2 风险预测仿真

9.4.2.1 冒顶事故风险预测集成学习对比实验

为对比 9.3 节提到的不同集成学习方法在冒顶事故风险预测问题中的精确度，拟使用的特征集为 $x = \{Q\_value, support, ground\_pressure, explosions, structure, c\_label\}$。

其中，c_label 为事故是否发生的类别标记，取值为 0、1、2、3 和 4 分别代

表 5 种警度：正常、一般、较重、严重和非常严重。首先采用 10 折交叉验证对实验数据集进行划分，即将原始数据集分为 10 个部分，记为 Dataset1 ~ Dataset10。为了保证数据集划分的一致性，每份数据集中的事故发生和不发生的数量一致，将 10 份数据中的 9 份作为训练集，剩下 1 份作为测试集，做 10 次实验取平均值，对于风险预测算法的性能评价，主要通过精确率 P，召回率 R 以及精确率与召回率的调和均值 F_β 等指标，以及 AUC 和 ROC 曲线来进行评价。图 9-18~图 9-21 为采用的各算法的 ROC 曲线。

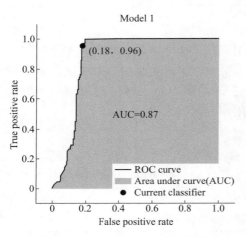

图 9-18   Boosting Trees ROC 曲线

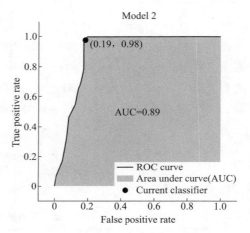

图 9-19   Bagging Trees ROC 曲线

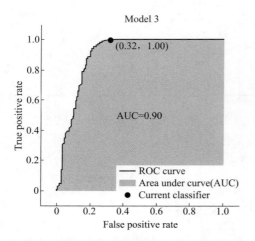

图 9-20   Subspace Discriminat ROC 曲线

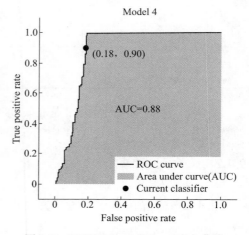

图 9-21   RUSBBoosting Trees ROC 曲线

图 9-22 至图 9-25 为采用的各算法的混淆矩阵，主要用来计算各模型算法的 P、R 和 F_β 值。

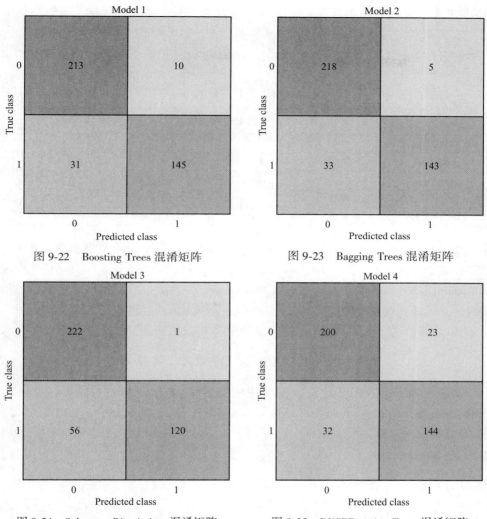

图 9-22 Boosting Trees 混淆矩阵

图 9-23 Bagging Trees 混淆矩阵

图 9-24 Subspace Discriminat 混淆矩阵

图 9-25 RUSBBoosting Trees 混淆矩阵

其中，$P = TP/(TP+FP)$，$R = TP/(TP+FN)$，混淆矩阵的含义见表 9-33。

表 9-33 混淆矩阵含义

真实情况	预测结果	
	正例	反例
正例	TP（真正例）	FN（假反例）
反例	FP（假正例）	TN（真反例）

关于精确率与召回率的调和均值 F_1，可按照式（9-14）计算：

$$F_\beta = \frac{(1+\beta^2) \times P \times R}{\beta^2 \times P + R} \tag{9-14}$$

式中，β 表示 R 对 P 的相对重要性；$\beta > 1$ 时，表示更注重召回率；$\beta < 1$ 时，表示更注重精确率；当 $\beta = 1$ 时，表示二者同样重要。这里，由于研究的是风险事故，宁可误判预警，不可错过预警。因此，R 相比较而言稍微更重要一些，这里对 β 的取值应大于1，这里取 β 为2。

经计算，该10折交叉验证实验的结果，见表9-34。

表 9-34　冒顶事故实验结果

算法	P	R	F_1	AUC
Boosting Trees	0.8729	0.9551	0.9374	0.87
Bagging Trees	0.8685	0.9775	0.9536	0.89
Subspace Discriminat	0.7985	0.9955	0.9487	0.90
RUSBBoosting Trees	0.8620	0.8968	0.8896	0.88

由实验结果可知，Bagging Trees 和 Subspace Discriminat 这两类集成学习算法的性能要优于其他两类算法，其中，Bagging Trees 的算法相对更稳定，且其精确率较 Subspace Discriminat 有明显的优势，但 Subspace Discriminat 在召回率上性能有不俗的表现。因此，在使用该数据集对冒顶事故进行风险预测分析时，拟采用 Subspace Discriminat 集成学习算法作为程潮铁矿采场冒顶事故预测的模型更为合理。

9.4.2.2　井下涌水事故风险预测集成学习对比实验

对井下涌水事故风险预测，拟使用的特征集为 x = ｛rain，catchment_area，mining_depth，mining_area，Infiltration_coefficient，ground_water，c_label｝。同样采用10折交叉验证对实验数据集进行划分，图9-26～图9-29为采用的各算法的 ROC 曲线。

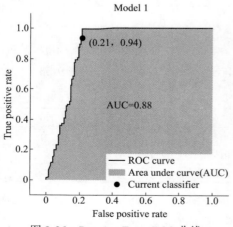

图 9-26　Boosting Trees ROC 曲线

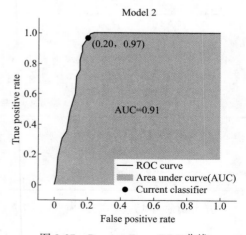

图 9-27　Bagging Trees ROC 曲线

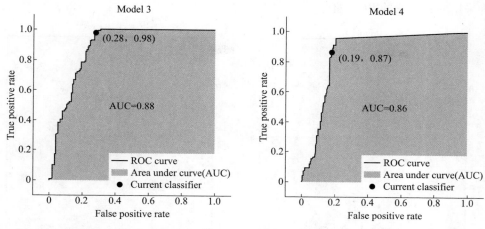

图 9-28　Subspace Discriminat ROC 曲线　　　图 9-29　RUSBBoosting Trees ROC 曲线

图 9-30~图 9-33 为采用的各算法的混淆矩阵。

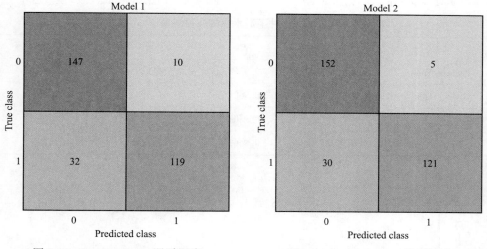

图 9-30　Boosting Trees 混淆矩阵　　　　图 9-31　Bagging Trees 混淆矩阵

10 折交叉验证的实验的结果见表 9-35。

实验结果类似，因此，在使用该数据集对井下涌水事故进行风险预测分析时，同样拟采用 Subspace Discriminat 集成学习算法。

9.4.2.3　气体中毒事故风险预测集成学习对比实验

对气体中毒事故风险预测，由于数据量比较小，特征简单，采用 5 折交叉验证，拟使用的特征集为 x = ｛carbon monoxide，hydrogen_sulfide，sulfur_dioxide，nitrogen_oxide，oxygen，carbon_dioxide，wind_speed，c_label｝。图 9-34 ~ 图 9-37

为采用的各算法的 ROC 曲线。

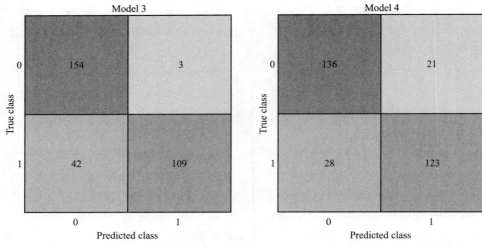

图 9-32   Subspace Discriminat 混淆矩阵   图 9-33   RUSBBoosting Trees 混淆矩阵

表 9-35   井下涌水事故实验结果

算法	P	R	F_1	AUC
Boosting Trees	0. 8212	0. 9363	0. 9108	0. 88
Bagging Trees	0. 8351	0. 9681	0. 9382	0. 91
Subspace Discriminat	0. 7857	0. 9808	0. 9344	0. 88
RUSBBoosting Trees	0. 8292	0. 8662	0. 8585	0. 86

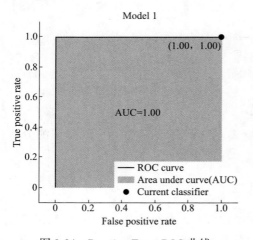

图 9-34   Boosting Trees ROC 曲线

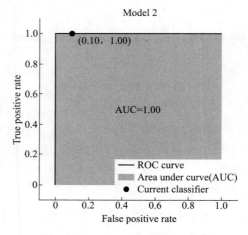

图 9-35   Bagging Trees ROC 曲线

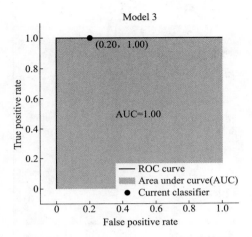

图 9-36 Subspace Discriminat ROC 曲线 　　图 9-37 RUSBBoosting Trees ROC 曲线

图 9-38~图 9-41 为采用的各算法的混淆矩阵。

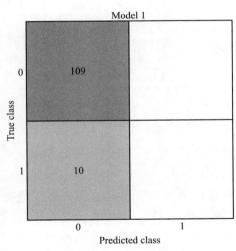

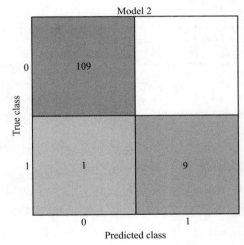

图 9-38 Boosting Trees 混淆矩阵 　　图 9-39 Bagging Trees 混淆矩阵

10 折交叉验证的实验的结果见表 9-36。

结果显示前三类算法的性能都极其不俗，AUC 的面积都达到了 1。造成这个结果的原因，主要是气体中毒事故相较于前两类事故内在机理较简单，之间的影响并不明显，加之数据集比较小，因此预测的准确率较高。根据优中选优的原则，气体中毒事故拟采用性能最优的 Bagging Trees 集成学习算法作为气体中毒事故预测的模型。

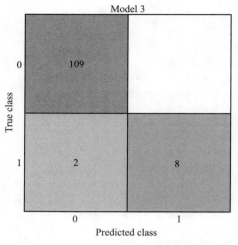
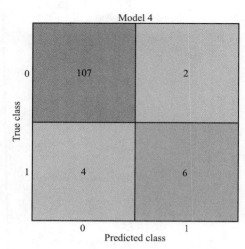

图 9-40   Subspace Discriminat 混淆矩阵   图 9-41   RUSBBoosting Trees 混淆矩阵

表 9-36   气体中毒事故实验结果

算法	P	R	F_1	AUC
Boosting Trees	0. 9159	1	0. 9820	1
Bagging Trees	0. 9909	1	0. 9982	1
Subspace Discriminat	0. 9819	1	0. 9963	1
RUSBBoosting Trees	0. 9639	0. 9816	0. 9780	0. 75

9.5   程潮铁矿采场风险预警体系的应用

本节主要对程潮铁矿采场风险预警体系的应用情况进行介绍，目前程潮铁矿采场风险预警体系集成到了程潮铁矿风险预警系统中，作为一个核心子模块，反映了采场的风险状况。该系统主要为管理者提供采场的警情分析和预警决策支持，分别对应本节之前介绍的预测算法和预警对策知识库。另一方面，该平台还和鄂州市风险管控云平台实现对接和数据共享。目前，程潮铁矿作为该云平台四家接入企业之一，已正常试点运行。本节将对采场风险预警系统的整体技术架构、基本功能和该系统同风险管控云平台的对接情况进行介绍。

9.5.1   采场风险预警体系的应用情况

9.5.1.1   预警体系应用情况

程潮铁矿采场风险预警体系目前应用于程潮铁矿采场风险预警系统之中，其中核心模块为风险预警模块和预警响应模块，图 9-42 清晰地展示了该系统中预警体系集成和风险管控云平台对接的具体情况。

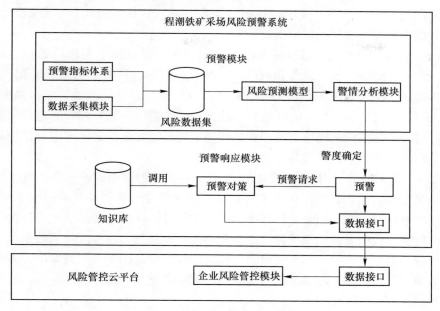

图 9-42　预警体系应用情况

　　本节主要从程潮铁矿采场风险预警系统的设计和风险管控云平台对接情况两个方面对该预警体系的应用情况进行说明。并在 9.5.1.2 节中对程潮铁矿采场风险预警系统进行基本功能的实现。

9.5.1.2　程潮铁矿采场风险预警系统设计

　　程潮铁矿采场风险预警系统的主要功能就是通过对数据采集模块采集到的数据进行分析和处理，对采场三类主要事故进行风险预测，根据不同的警度向预警响应模块发出请求，从风险预警对策知识库调用对应的风险预警对策，为安全管理人员提供决策支持。该系统主要由数据模块和预警模块构成，系统功能结构如图 9-43 所示。

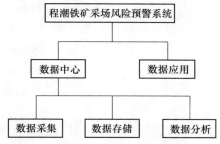

图 9-43　程潮铁矿采场风险预警系统功能结构图

　　下面将从模块设计和系统架构两个方面进行展开，详细描述程潮铁矿采场风险预警系统的设计思路。模块设计包括 4 个方面：数据采集模块、数据存储模块、数据分析模块和数据应用模块。

　　（1）数据采集模块。数据采集模块，主要是对采场的 3 类风险数据进行采集。由各种传感器、感知设备和网络节点组成，同时，针对部分数据采集困难，支持传统的人工采集录入方式。采集或录入的数据会及时传送至数据存储模块。数据采集终端将每隔一段时间采集到的数据上传至数据存储模块，并进行数据预处理，接着，数据分析模块定期将存储模块中的风险数据提取出来进行挖掘和分析。数据采集模块中数据的具体流向如图 8-3 所示。

　　图 8-3 中采用的是 HDFS 分布式文件系统和关系型数据库，采集模块需要实现的就是二者之间的数据迁移。采集引擎由任务调度引擎和任务解析引擎组成，其中任务解析引擎主要用来解析数据源的基本信息，任务调度引擎用来分配数据采集的任务。数据采集模块还有一个重要的任务是使用 HDFS 以外的数据作为数据源，譬如数据库。目前，大多数的有价值的数据均是存在于数据库中，本节使用的是关系型数据库，需要借助 Sqoop 来实现二者之间的数据迁移。Sqoop 数据的流程图如图 8-6 所示。

　　（2）数据存储模块。数据存储模块主要用来存储采集的三类主要风险数据，由于采场风险数据会随着时间的不断流逝逐步增加，因此该模块对可扩展性的要求比较高。该模块还需对其他模块提供可操作接口，为数据分析模块提供数据支持。另一方面，还需要保证该模块的高并发和高可用，这样在事故同时超出警限时，能够并发处理，保证同时预警。因此本系统使用 HDFS 和关系型数据库 MySQL 双剑合璧的方式实现数据存储，既展现出 HDFS 扩展性和可靠性的优势，又发挥出 Map Reduce 处理数据的高效性优势，实现对风险数据和预测结果的高速运算，及时对风险进行预警。

　　其中，分析层分析处理产生的数据主要位于 HDFS 系统上，该部分数据将定期导入关系型数据库 MySQL 中供应用层使用。图 8-8 为 HDFS 存储模块的架构图。

　　（3）数据分析模块。数据分析模块，主要负责对采集到的数据进行分析和挖掘，通过对数据进行分析，发掘系统状态变化规律，为安全管理人员提供决策支持。本节研究所采用的预测算法，最终就是集成到数据分析模块之中。该模块具体工作的过程如图 8-9 所示。

　　（4）数据应用模块。数据应用模块主要是为风险数据以及预警结果提供友好的可视化支持。主要的功能模块包括数据查询、风险预测、预警响应和 API 模块。数据查询模块主要是对风险预警指标和预警对策知识库的案例进行查询。风险预测模块是对集成的风险预测模型预测的结果或者风险状态进行展示。预警响应模块是根据预测的结果对风险进行预警响应，系统将会发出预警信号和消息，并向知识库请求风险预警对策，对可能发生的事故提前进行防范和应急准备。API 模块主要是向风险管控云平台或者其他外部服务提供数据接口，以实现系统的对接和数据的共享。图 9-44 展示了应用模块的主要功能。

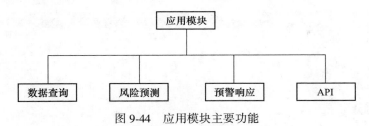

图 9-44　应用模块主要功能

应用模块的实现，采用 B/S 架构，这样可以通过浏览器轻松访问，随时了解系统的风险状态，另一方面，大大减少了系统开发和维护的成本。本节基于高可用和易维护的原则，使用 MVC 三层体系结构作为应用模块实现的结构。B/S 模式下 MVC 三层架构示意图如图 8-4 所示。

该系统设计的主要目的就是通过将程潮铁矿采场风险预警体系集成至采场风险预警系统之中，通过对风险数据的分析和运算，对三类事故进行预测，辅以相应的对策，为管理者提供决策支持。该系统的实现借鉴了分布式系统的架构，采用了 HDFS 分布式文件系统以及关系型数据库 MySQL 对数据进行存储，并使用 Sqoop 将二者关联起来，通过系统的整合，实现风险预测和预警响应等功能。管理者通过浏览器即可访问系统，查看系统的风险状态和风险预测情况。

系统的架构设计采用了分层的思想，主要包括数据采集层、数据存储层、数据分析层以及数据应用层，分别对应上面介绍的采场风险预警系统的四个模块。各层之间通过数据接口进行交互。系统的整体架构图如图 8-5 所示。

图 8-5 中未列出 API 模块，该模块主要的功能是向风险管控云平台或者其他外部服务提供数据接口，以实现系统的对接和数据的共享。下面对目前接入的平台进行简单介绍。

9.5.1.3　系统接入情况

鄂州风险管控云平台主要是方便企业和政府监管部门对鄂州市各行业的风险状态进行管控。通过整体安全风险图、风险四色分布图和安全风险分级变化图等可视化的展示目前各行业的风险状态，由于该风险管控云平台处在试运行阶段，目前接入的企业较少，程潮铁矿是目前四家接入企业之一。

通过对程潮铁矿采场的风险数据进行接入，可以使管理者更直观的审视整个鄂州各企业的风险状况。目前该风险管控云平台正在向多家企业推广，拟实现鄂州市全行业所有类型企业的风险管控。

　　图 9-45 为鄂州风险管控云平台的主界面，主要用来展示鄂州市各企业的风险概况，图 9-45 中黄色显示的就是程潮铁矿目前的风险状态。右侧为区域风险的排名。由于目前程潮铁矿产生的风险较大，泽林镇的排名相对靠前。左侧为主要的功能选择部分。

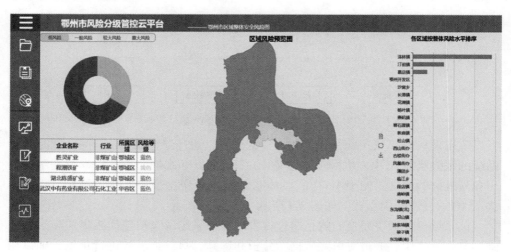

图 9-45　鄂州市风险管控云平台主界面

图 9-46 为鄂州安全风险的四色分布图。

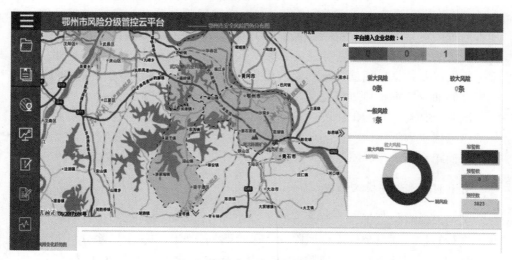

图 9-46　鄂州安全风险的四色分布图

　　图 9-47 为鄂州安全风险的分级变化图。右边左侧区域为数据散点图，显示了某一时间段内风险状态的变化。右边为具体的数据表格，主要作用是对整体的风险变化趋势有一个良好的把握。

图 9-47 鄂州安全风险分级变化图

9.5.2 程潮铁矿采场风险预警系统

根据 9.5.1 节中对程潮铁矿采场风险预警系统的分析和设计，笔者实现了程潮铁矿采场风险预警系统的一些基本功能，主要包括：系统概况、数据集展示以及预警知识库的建立等功能。

9.5.2.1 系统概览

图 9-48 为程潮铁矿采场风险预警系统的系统概况界面，其主要用来展示系统的风险概况，包括系统消息和待处理风险的入口，以及冒顶事故、井下涌水事故和气体中毒事故这 3 类事故的风险变化曲线，以及系统安全运行天数。

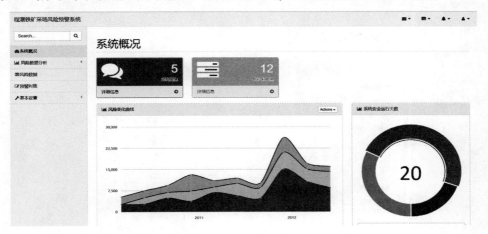

图 9-48 程潮铁矿采场风险预警系统概况界面

9.5.2.2 风险数据集展示

风险数据的展示，数据来源于现场采集和人工录入。通过一些表格组成，表格主要为 9.4 节实验数据集中所包含的数据。图 9-49 为冒顶事故的风险数据集的展示界面。

样本编号	水平位置	地质条件	支护条件	地压状况	工程爆破	采场结构
2017001	-440m	2.4	3	2	1	0
2017002	-440m	22.3	4	2	2	2
2017003	-440m	40.5	2	1	3	4
2017004	-440m	1.2	0	0	1	4
2017005	-440m	73.1	3	1	4	2
2017006	-440m	55.0	4	2	1	2
2017007	-440m	33.1	1	4	4	2
2017008	-440m	107.4	3	0	1	2
2017009	-440m	22.2	3	3	1	4
2017010	-440m	33.3	2	1	3	4

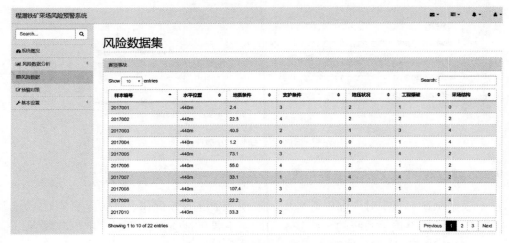

图 9-49　冒顶事故风险数据集展示界面

9.5.2.3　风险预警对策知识库

数据集来关于风险预警对策知识库的建立过程在 9.3 节进行了详细的阐述，图 9-50 为程潮铁矿采场风险预警对策知识库的录入界面。

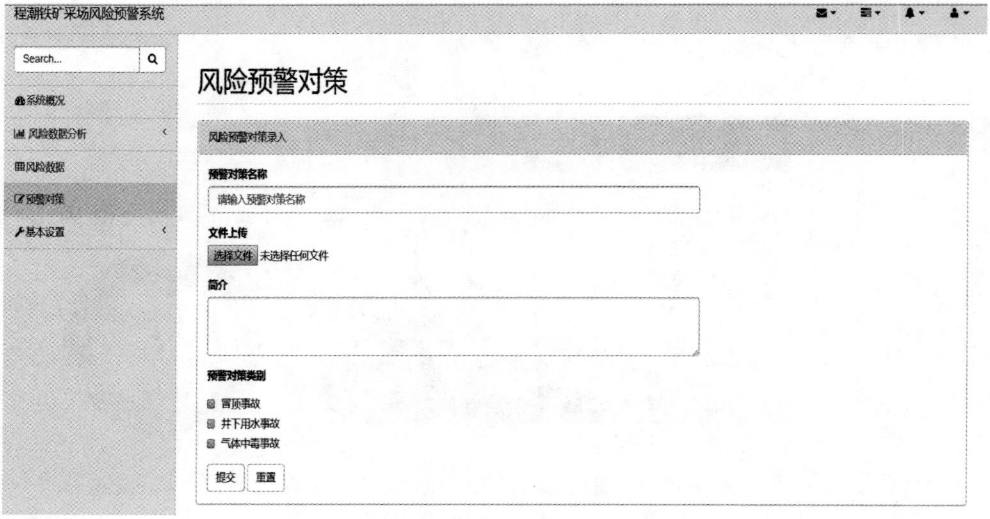

图 9-50　风险预警对策知识库录入界面

参 考 文 献

［1］ 沈斐敏. 安全系统工程理论与应用［M］. 北京：煤炭工业出版社，2000：144-189.

［2］ 吴宗之. 工业危险辨识与评价［M］. 北京：北京气象出版社，2002.

［3］ 国家安全生产监督管理局安全科学技术研究中心. 2003 年我国煤炭生产安全状况，2004.

［4］ 劳动劳保所，等. "八五"国家科技攻关专题 "易燃、易爆、有毒重大危险源辨识评价技术研究" 技术鉴定文件，1995.

［5］ 陈宝智. 危险源辨识控制及评价［M］. 成都：四川科学技术出版社，1996.

［6］ 田水承. 第三类危险源辨识与控制的研究［D］. 北京：北京理工大学，2001.

［7］ Advisory Committee On Major Hazards，Second Report，health Safety Commission，London，1974.

［8］ 朱德明. 利用危险源辨识与控制技术对老矿区通风系统进行改造［J］. 山东煤炭科技，2003.

［9］ 张甫仁. 矿山重大危险源评价及瓦斯爆炸事故伤害模型建立的若干研究［J］. 工业安全与环保，2002.

［10］ 田水承，王莉. 基于 SPA 模型的煤矿瓦斯危险源风险评价研究与应用［A］. 第十四届海峡两岸及香港、澳门地区职业安全健康学术研讨会暨中国职业安全健康协会 2006 年学术年会论文集，2006：578-583.

［11］ 王慧. 重大危险源辨识、分级与评估的研究［D］. 太原：中北大学，2014.

［12］ 孟现飞，丁恩杰，刘全龙，等. 危险源概念的重新界定及与隐患关系研究［J］. 中国安全科学学报，2017，27（4）：55-59.

［13］ 傅贵，李亚. 7 个标准中危险源的定义、内容和分类研究［J］. 中国安全科学学报，2017，27（6）：157-162.

［14］ 赵勇. 焦炉煤气柜重大危险源评估技术方法及实例分析［J］. 四川环境，2017（1）：100-104.

［15］ 顾海兵. 宏观经济预警研究：理论. 方法. 历史［J］. 经济理论与经济管理，1997.

［16］ 赵春富，刘耕源，陈彬. 能源预测预警理论与方法研究进展［J］. 生态学报，2015，35（7）：2399-2413.

［17］ Lee K，Ni S. On the dynamic effect of oil price shocks：a study using industry level data［J］. Journal of Monetary Economics，2002，49（4）：823-852.

［18］ Atkeson A，Kehoe P J. Models of energy use：putty-putty versus putty-clay［J］. Nber Working Papers，1999，89（4）：1028-1043.

［19］ Hamilton J D. A neoclassical model of unemployment and the business cycle［J］. Journal of Political Economy，1988，96（3）：593-617.

［20］ Bohi D R. On the macroeconomic effects of energy price shocks［J］. Resources & Energy，1991，13（2）：145-162.

［21］ Webb I R，Larson R C. Period and phase of customer replenishment：A new approach to the Strategic Inventory/Routing problem［J］. European Journal of Operational Research，1995，85

（1）：132-148.

[22] Lee K, Ni S, Ratti R A. Oil shocks and the macroeconomy：the role of price variability [J]. Energy Journal, 1995, 16 (4)：39-56.

[23] 李继尊. 中国能源预警模型研究 [D]. 青岛：中国石油大学, 2007.

[24] 毕大川, 刘树成. 经济周期与预警系统 [M]. 北京：科学出版社, 1990.

[25] 顾海兵. 经济预警新论 [J]. 数量经济技术经济研究, 1994 (1)：33-37.

[26] 陶骏昌. 农业预警系统与农业宏观调控 [J]. 经济研究, 1995 (4)：73-75.

[27] 佘丛国, 席酉民. 我国企业预警研究理论综述 [J]. 预测, 2003, 22 (2)：23-29.

[28] 佘廉. 企业逆境管理 [M]. 沈阳：辽宁人民出版社, 1993.

[29] 谢科范, 袁明鹏, 彭华涛. 企业风险管理 [M]. 武汉：武汉理工大学出版社, 2004.

[30] 胡华夏, 罗险峰. 现代企业生存风险预警指标体系的理论探讨 [J]. 科学与科学技术管理, 2000, 21 (6)：33-34.

[31] 罗帆, 佘廉, 顾必冲. 民航交通灾害预警管理系统框架探讨 [J]. 北京航空航天大学学报 (社会科学版), 2001, 14 (4)：33-36.

[32] 罗云, 宫运华, 宫宝霖, 等. 安全风险预警技术研究 [J]. 安全, 2005, 26 (2)：26-29.

[33] 白凤美. 建筑施工企业安全生产风险管理及预警信息系统开发与应用 [J]. 建筑技术, 2016, 47 (1)：86-89.

[34] 窦林名, 李振雷, 张敏. 煤矿冲击地压灾害监测预警技术研究 [J]. 煤炭科学技术, 2016, 44 (7)：41-46.

[35] 孙光林, 陶志刚, 宫伟力. 边坡灾害监测预警物联网系统及工程应用 [J]. 中国矿业大学学报, 2017, 46 (2)：285-291.

[36] 刘小生, 孙群. 矿山安全预警专家系统知识库的研究 [J]. 矿业安全与环保, 2008, 35 (3)：34-36.

[37] 马巨鹏. 矿井水害预警专家系统研究 [D]. 西安：西安科技大学, 2012.

[38] 张以文, 倪志伟, 王力. 基于本体的组合预测预警系统模型 [J]. 控制工程, 2011, 18 (5)：815-819.

[39] 刘永强, 刘志辉. 新疆融雪洪水预警决策支持系统研究 [J]. 干旱区资源与环境, 2007, 21 (2)：110-113.

[40] 刘年平. 煤矿安全生产风险预警研究 [D]. 重庆：重庆大学, 2012.

[41] 宋韦剑, 丁群安, 刘振锋. 地质调查成果知识库系统建设 [J]. 国土资源信息化, 2015 (6)：12-15.

[42] 尚礼斌. 基于模块化思想的油田勘探知识库系统设计 [J]. 科技展望, 2017, 27 (8).

[43] Goguen J A, Zadeh L A. Fuzzy sets. Information and control, vol. 8 (1965), pp. 338-353.

[44] Yeh C H, Deng H, Chang Y H. Fuzzy multicriteria analysis for performance evaluation of bus companies [J]. European Journal of Operational Research, 2000, 126 (3)：459-473.

[45] Tsourveloudis N C, Phillis Y A. Fuzzy assessment of machine flexibility [J]. Engineering Management IEEE Transactions on, 1998, 45 (1)：78-87.

[46] Ayyub B，Karaszewski Z，Klim Z. Fuzzy-based decision analysis for risk assessment of marine systems ［C］. 40th Structures，Structural Dynamics，and Materials Conference and Exhibit，1999：1578.

[47] Anderson M，Suchkov A，Einthoven P，et al. Flight control system design risk assessment ［J］. Cryobiology，2013，41（3）：195-203.

[48] 汪培庄. 模糊数学简介（Ⅰ）［J］. 数学的实践与认识，1980（2）：53-64.

[49] 陈永义，章文茜. 综合决策与天气预报［J］. 数学的实践与认识，1985（4）：36-43.

[50] 项源金，张向丽. 铁路客票发售和预订系统总体方案评价［J］. 铁道学报，1996（s2）：85-92.

[51] 程启月，邱菀华. 作战指挥效能评估的模糊优化决策分析［J］. 系统工程理论与实践，2002，22（9）：112-116.

[52] 辛明军，李伟华，何华灿. 分布式问题求解方案的模糊综合评价模型及其算法实现［J］. 计算机工程与应用，2001，37（15）：40-42.

[53] 周穗华，张小兵. 模糊综合评估模型的改进［J］. 武汉理工大学学报（信息与管理工程版），2003，25（5）：4-7.

[54] 屈伟，李博，李恒凯，等. 基于模糊层次分析法的西南岩溶地区煤层顶板水害危险性评价方法研究［J］. 矿业安全与环保，2014（4）：59-62.

[55] 毛正君，王生全，王赟，等. 基于模糊层次分析法的矿井水文地质类型划分［J］. 煤炭技术，2016，35（7）：131-134.

[56] 张进，马斌，王可娜. 基于模糊层次分析法的隧道钻爆法施工风险评估［J］. 东莞理工学院学报，2017，24（1）：74-80.

[57] 解林超，石佳，王仲锋，等. 大数据时代对传统数据中心的影响及思考［J］. 中国新通信，2014（2）：38-39.

[58] 陈颖. 大数据发展历程综述［J］. 当代经济，2015（8）：13-15.

[59] 王新才，丁家友. 大数据知识图谱：概念、特征、应用与影响［J］. 情报科学，2013（9）：10-14.

[60] 白洁. 当大数据遇上信息安全［J］. 信息安全与通信保密，2013（5）：12-14.

[61] 宋亚奇，周国亮，朱永利. 智能电网大数据处理技术现状与挑战［J］. 电网技术，2013，37（4）：927-935.

[62] 姚宏宇，田溯宁. 云计算：大数据时代的系统工程［M］. 北京：电子工业出版社，2016.

[63] 何学秋. 安全工程学［M］. 徐州：中国矿业大学出版社，2000.

[64] 罗云. 风险分析与安全评价［M］. 2版. 北京：化学工业出版社，2010.

[65] 李毅中. 国家安全生产监督管理总局令（第16号）安全生产事故隐患排查治理暂行规定［J］. 中华人民共和国国务院公报，2008（26）：44-47.